本专著为枣庄市社科联应用研究课题阶段研究成果

农村生活垃圾的治理
与资源化利用技术研究

生 涛 赵曰亮 张泽伟 著

U0253730

天津出版传媒集团

天津科学技术出版社

图书在版编目（CIP）数据

农村生活垃圾的治理与资源化利用技术研究 / 生涛,
赵曰亮, 张泽伟著. -- 天津 : 天津科学技术出版社,
2024.4
ISBN 978-7-5742-1929-8

Ⅰ. ①农… Ⅱ. ①生… ②赵… ③张… Ⅲ. ①农村 –
生活废物 – 垃圾处理②农村 – 生活废物 – 废物综合利用
Ⅳ. ①X799.305

中国国家版本馆CIP数据核字(2024)第068695号

农村生活垃圾的治理与资源化利用技术研究
NONGCUN SHENGHUO LAJI DE ZHILI YU ZIYUANHUA LIYONG JISHU YANJIU

责任编辑：田　原
责任印制：兰　毅

出　　版： 天津出版传媒集团
　　　　　 天津科学技术出版社
地　　址：天津市西康路35号
邮　　编：300051
电　　话：（022）23332377
网　　址：www.tjkjcbs.com.cn
发　　行：新华书店经销
印　　刷：河北万卷印刷有限公司

开本 710×1000　1/16　印张 15.25　字数 225 000
2024年4月第1版第1次印刷
定价：88.00元

前　言

　　随着我国社会经济的快速发展和农村地区的日益城市化，农村生活垃圾的产生量逐年增加，成为影响农村环境卫生和可持续发展的重要因素。然而，长期以来，农村生活垃圾的治理和资源化利用得不到足够的重视，导致农村环境问题日益严重。我国政府和社会各界对农村环境保护和生活垃圾处理的重视程度逐渐提高，国家相继出台了一系列的政策和法规，为农村生活垃圾的治理与资源化利用提供了政策支持和指导。在这个背景下，探讨农村生活垃圾的治理与资源化利用技术，成为当前农村环境保护和资源循环利用领域的重要研究方向。

　　本书旨在系统地探讨和研究农村生活垃圾的治理与资源化利用技术。通过全面分析农村生活垃圾的产生背景、产生量及对环境和社会的影响，本书明确了农村生活垃圾治理的迫切性和重要性。本书从理论和实践两个层面，深入探讨了农村生活垃圾的分类、收集、转运、处理和资源化利用技术，以及相关的政策法规和制度安排。通过对国内外相关经验和技术的引介和分析，本书为我国农村生活垃圾的治理与资源化利用提供了有益的参考和启示。

　　本书分为七个章节。第一章介绍了农村生活垃圾治理与资源化利用的研究背景、目的和主要内容。第二章对生活垃圾的定义、产生背景、产生量及危害进行了概述。第三章深入探讨了农村生活垃圾的治理途径，包括城乡环卫一体化、农业生产现代化、乡村振兴等多方面，并对农村生活垃圾的环卫基础设施规划、建设和管理提出了具体的方案和措施。第四章详细介绍了生活垃圾分类的目的、意义、原则和方法，并通过实际案例分析了国内农村垃圾分类模式和典型经验。第五章为生活垃圾分类的处置方法，针对不同类型的生活垃圾，如厨余垃圾、可回收物、有害垃圾和其他垃圾，分别提出了堆肥、焚烧、统一回收、填埋等多种处理和资源化利用技术，并分析了各种技术的优缺点和适用条件。第六章为农村生活垃圾资源化利用，从节约资源和改善土壤两个方面阐述了农村生活垃圾资源化利用的重要性，并对农村生活垃圾资源化利用的具体方法、技术和设施进行了系统的介绍和分析。第七章总结了农村生活垃圾治理与资源化利用的主要研究成果，指出了研究的不足和研究方向，并对未来农村生活垃圾治理与资源化利用进行了展望。

本书力图为农村生活垃圾的治理与资源化利用提供一个系统、全面和实用的参考框架，希望能对农村环境保护和资源循环利用领域的研究者和从业人员，以及政府决策者和相关管理部门提供有益的参考和启示。作者也期望本书能够引起社会各界对农村生活垃圾问题的关注和重视，推动农村生活垃圾治理与资源化利用的技术创新和制度完善，为促进我国农村环境的可持续发展和社会经济的健康发展贡献一份绵薄之力。

作者

2023 年 10 月

目 录

第一章 绪 论

第一节 研究背景

在经历了近几十年的高速发展后，中国已然步入了一个新的经济、社会和环境发展的时期。这一时期的标志性特点是，农村地区，作为国家发展的重要组成部分，不再仅仅是传统农业的主战场，而是逐渐演变为综合性的社会经济活动区域，其生活水平和产业结构也随之发生了根本性的改变。

在这一改变的背后，农村地区所面临的环境问题逐渐凸显。尤其值得关注的是农村生活垃圾问题。受到经济发展、生活水平提高和消费模式转变的影响，农村地区的生活垃圾数量迅速增长，而其处理和消纳能力远远落后于需求。农村广袤的地理面积和分散的人口分布使得垃圾收集、转运和处理面临巨大的挑战。此外，由于长期以来缺乏科学的垃圾管理体系和完备的处理设施，以及部分地区村民对于垃圾处理的观念传统，农村地区的生活垃圾经常被随意丢弃，导致了环境污染和生态破坏，严重影响了农村的生态环境和村民的生活质量。

国家对于这一问题展现出了前所未有的关注。党中央和国务院的一系列决策部署明确指出，农村生活垃圾问题不仅仅是一个环境问题，更是一个综合性问题，涉及农村的经济、社会、文化和生态等多个方面。这一问题的解决，不仅关乎农村的环境健康和生态安全，更关乎农民的生活质量、农村的经济社会发展、乡村的振兴和农业农村的现代化。

因此，如何科学、系统、有效地治理农村生活垃圾，已经成为我国当前和未来一个时期农村发展的重要课题。这不仅需要政府部门、研究机构、企业和社会各界共同努力，更需要一个科学、实用、创新的理论和实践框架，为农村生活垃圾治理提供指导。

第二节　研究目的

农村生活垃圾的治理与资源化利用是一个复杂而又紧迫的问题，其目的的设定并不仅仅局限于环境的保护与改善，而是涉及更为宏观的社会、经济和文化背景下的诸多考量。

一、实现农村垃圾的全面长效治理

农村生活垃圾治理的问题并非一个新出现的议题，但其复杂性和长期性使得相关研究始终处于焦点位置。农村垃圾的产生、收集、处理和处置涉及多个领域，如环境科学、社会学、经济学和公共管理学等，要求人们采用跨学科的方法进行研究。

全面性在这里意味着对农村垃圾问题的各个方面都要加以考虑，包括垃圾的来源、性质、数量、分布以及对环境和社会的影响。这需要深入了解农村地区的经济结构、产业布局、居民生活习惯和消费模式等，确保治理策略能够切实适应农村的实际情况。长效性则强调治理策略不仅要考虑当前的问题，还要预见未来可能出现的新问题和挑战，确保垃圾治理工作能够持续进行，取得持久的效果。在治理策略的制定中，要充分考虑技术、经济和社会的可持续性，避免短期效益和长期效益之间的冲突。

二、加强城乡统筹与发展

城乡统筹与发展是我国现代化建设的重要内容，对于农村垃圾治理工作而言，也具有重要的指导意义。在过去的很长一段时间里，由于城乡的发展不平衡，农村地区的垃圾处理和处置往往被忽视或简化处理，这导致了一系列的环境和社会问题。

随着我国城乡一体化进程的加快，农村地区的经济结构、产业布局和居民生活方式都发生了根本性的变化。这为农村垃圾治理工作提供了新的机遇，也带来了新的挑战。如何充分利用城乡资源，实现农村垃圾的高效收集和处置，成为当前的研究重点。统筹城乡的思路要求在农村垃圾治理工作中，既要考虑农村的实际情况和需求，也要充分利用城市的技术、资金和管理经验，实现农村垃圾治理的现代化、规范化和高效化。这不仅有助于提高农村垃圾治理的效果，也有助于促进城乡经济和社会的整体发展。

三、推进农村垃圾资源化利用

农村垃圾资源化利用是当前农村垃圾治理研究的热点和重点，其核心思想是将农村垃圾从传统意义上的"废弃物"转化为有价值的"资源"，实现垃圾的经济、社会和环境价值的最大化。

农村垃圾的资源化利用涉及多个领域，如物质科学、化学、生物学和环境工程等，要求采用多学科、跨领域的研究方法。这一方面需要深入研究农村垃圾的性质、成分和特性，了解其可利用的资源价值；另一方面，还需要研发和推广适合农村地区的垃圾资源化利用技术和方法，确保垃圾被高效、安全和环保地利用。农村垃圾资源化利用不仅有助于解决垃圾的处置问题，还可以为农村地区带来经济、社会和环境的多重效益。例如，农村生活垃圾中的有机物可以通过生物技术转化为生物肥料或生物燃料，为农村地区提供新的经济增长点和就业机会；农村生活垃圾中的金属和塑料等可回收物可以通过物理和化学方法进行回收和再利用，为农村地区带来经济收益和环境效益。

四、保障农民群众的利益与福祉

农民群众是农村垃圾治理工作的主体和受益者，其利益和福祉是农村垃圾治理工作的出发点和归宿。在过去的很长一段时间里，由于各种原因，农民群众的利益和福祉往往被忽视或牺牲，导致了农村垃圾治理工作的低效和反弹。

农民群众的利益和福祉不仅涉及经济收入和生活水平，还涉及健康、安全、尊严和权益等多个方面。这要求在农村垃圾治理工作中，既要考虑垃圾的环境和社会影响，也要充分尊重和保障农民群众的合法权益。农民群众的利益和福祉是农村垃圾治理工作的核心问题，也是农村垃圾治理工作长期性和复杂性的根本原因。只有在确保农民群众的利益和福祉的前提下实现农村垃圾治理的科学、公正和高效，才能真正从根本解决农村垃圾问题。

五、建立完善的监管制度与机制

农村垃圾治理工作涉及多个领域和部门，需要强有力的法律和政策支撑。建立一套科学、公正、有效的监管制度和机制，对于保证垃圾治理工作的正常进行和取得实效至关重要。

监管制度和机制的建立和完善涉及多个方面，如法律、政策、技术和管理等，要求采用系统、全面的方法进行研究。这一方面需要深入了解农村垃圾治理的实际情况和需求，确保监管制度和机制能够切实适应农村的实际情况；另一方面，还需要借鉴和引入国内外的先进经验和做法，确保监管制度和机制的科学性、前瞻性和实用性。监管制度和机制的建立和完善不仅有助于规范和指导农村垃圾治理工作，还可以为农村地区提供一个稳定、公正、透明的工作环境，促进农村垃圾治理工作的持续、健康、有序开展。

第三节　研究内容

一、建立村庄保洁制度

在农村环境中，生活垃圾的日常管理和处置是一个迫切需要解决的问题。垃圾的来源，主要是村民的日常生活和一些小规模的农村产业活动。由于长期缺乏有效的垃圾管理制度和设施，许多村庄的垃圾都被随意丢弃，导致了许多环境和公共卫生问题。为此，建立一个有效的村庄保洁制度是至关重要的。

稳定的村庄保洁队伍是制度的核心。合理的人员配置可以确保垃圾得到及时的收集和处置，减少垃圾对环境和公共卫生的影响。通过公开竞争的方式确定保洁员不仅能保证工作的质量，还能提高工作的透明度和村民的信任度。此外，明确保洁员的职责也很关键，他们不仅需要负责垃圾的收集和处置，还要参与资源回收、宣传和监督等工作。

村民是垃圾治理工作的主体。他们的行为和态度直接影响到垃圾治理的效果。因此，明确村民的保洁义务是非常必要的。通过修订村规民约和与村民签订责任书等方式，可以确保村民了解并履行自己的责任。

二、推行垃圾源头减量

垃圾源头减量是垃圾治理的前沿理念。与传统的"产生—收集—处置"模式不同，垃圾源头减量强调在垃圾产生之前采取措施，减少垃圾的产生量。这既可以降低垃圾处理的成本，也可以减少垃圾对环境的影响。

在农村，果皮、枝叶、厨余等可降解有机垃圾占据了垃圾总量的大部分。如果这些垃圾得到合理的处理，不仅可以避免环境污染，还可以为农业生产提供有价值的资源。例如，通过堆肥技术，这些有机垃圾可以转化为高质量的有机肥，为农田提供养分。沼气设施可以将有机垃圾转化为可再生的清洁能源，为村民提供热能和电能。对于其他类型的垃圾，如灰渣、建筑垃圾、可再生资源和有毒有害垃圾，也需要采取相应的减量措施。这包括回收再利用、合理处置和严格监管等。

三、全面治理生活垃圾

农村生活垃圾的全面治理是一个系统工程，需要综合考虑多种因素，如村庄的地理分布、经济条件、技术条件和社会条件等。在这个基础上，可以确定垃圾的收运和处理方式，确保垃圾得到有效和安全的处置。

为了提高垃圾收集的效率和效果，所有行政村都应建设垃圾集中收集点，并配备相应的收集车辆。这些收集点应避免选择在生态敏感区域，如水源保护区、自然保护区和居民集中居住区等。收集点的设计和建设也应符合环保和公共卫生的要求，确保垃圾不会对环境和公共卫生造成危害。垃圾转运是垃圾治理的关键环节。为了提高转运的效率和效果，每个乡镇都应建设垃圾转运站。这些转运站不仅可以提高垃圾收运的效率，还可以为垃圾的综合利用和资源化提供条件。例如，通过转运站，可以对垃圾进行初步的分类和处置，提高资源回收的效率和效果。

垃圾处置是垃圾治理的最终环节，也是最为关键的环节。选择合适的处理工艺和设施，可以确保垃圾得到安全和有效的处理，避免对环境和公共卫生造成危害。在农村，由于经济和技术条件的限制，很难采用与城市相同的处理工艺和设施。因此，需要根据农村的实际情况，选择成熟可靠的终端处理工艺，如卫生填埋、焚烧、堆肥和沼气处理等。这些工艺不仅可以确保垃圾得到安全和有效的处理，还可以为农业生产提供有价值的资源，如有机肥和清洁能源。

四、推进农业生产废弃物资源化利用

农业生产废弃物，如畜禽粪便、秸秆和农膜等，是农村环境中的主要污染源。这些废弃物如果得不到合理的处理，不仅会对环境和公共卫生造成危害，还会造成资源的浪费。为此，推进农业生产废弃物的资源化利用是至关重要的。畜禽养殖废弃物是农村环境中的主要污染源之一。这些废弃物含有大量的有机物和养分，如果得不到合理的处理，会对水体、土壤和大气造成严重的污染。为此，需要推广适合不同区域特点的经济高效、可持续运行的畜禽养殖废弃物综合利用模式。例如，通过沼气设施，可以将畜禽粪便转化为可再生的清洁能源，为村民提供热能和电能；沼气设施的残渣可以作为高质量的有机肥，为农田提供养分。

秸秆是农村环境中的另一个主要污染源。这些秸秆如果得不到合理的处理，会对环境和公共卫生造成严重的污染。为此，需要推进秸秆的综合利用，如机械还田、饲料化利用和能源化利用等。这些利用方式不仅可以避免秸秆对环境的污染，还可以为农业生产提供有价值的资源，如有机肥、饲料和清洁能源。

农膜是农村环境中的另一个主要污染源。这些农膜如果得不到合理的处理，会对环境和公共卫生造成严重的污染。为此，需要推进农膜的综合利用，如回收再利用和降解利用等。

五、规范处置农村工业固体废物

农村工业固体废物是农村环境中的一个重要污染源。这些废物含有大量的有害物质，如果得不到合理的处理，会对环境和公共卫生造成严重的污染。为此，需要规范处置农村工业固体废物，确保废物得到安全和有效的处理。

根据固体废物污染环境防治法的有关规定，需要加强对农村地区工业固体废物产生单位的监督管理。这包括对废物的产生、收集、运输和处理等环节进行严格的监管，确保废物得到合理的处理。还需要加强对废物的综合利用，如能源化、建材化和资源化等。这些利用方式不仅可以避免废物对环境的污染，还可以为农业生产提供有价值的资源。

六、清理陈年垃圾

陈年垃圾是农村环境中的一个重要污染源。这些垃圾由于长时间得不到合理的处理，对环境和公共卫生造成了严重的危害。为此，需要全面排查、摸清陈年垃圾的存量、分布和污染情况，集中力量、限定时间、不留死角，尽快完成陈年垃圾的清理任务。陈年垃圾的清理是一个复杂的工程，需要综合考虑多种因素，如垃圾的性质、数量、分布、技术条件和经济条件等。在这个基础上，可以确定垃圾的清理方式，确保垃圾得到有效和安全的处理。这包括对垃圾进行初步的分类和处理，提高资源回收的效率和效果。还需要对垃圾进行终端处理，如卫生填埋、焚烧、堆肥和沼气处理等。

第二章　生活垃圾概述

第一节　生活垃圾基础概念

一、生活垃圾定义

从学术角度讲，生活垃圾是指在日常生活中或者为日常生活提供服务的活动中产生的固体废物以及法律、行政法规规定视为生活垃圾的固体废物。[①] 按照《中华人民共和国固体废物污染环境防治法》的规定，固体废物是指人类在生产建设、日常生活和其他活动中产生的污染环境的固态、半固态废弃物质。[②]

生活垃圾的定义，传统上通常与人们日常生活中产生并被丢弃的物质相关。这种物质在某一时刻或在特定的环境条件下被认为没有价值，不再需要，或者是不适合进一步使用。然而，这种定义已经受到了挑战，特别是在考虑到垃圾可能包含的潜在资源和其在不同环境和时间背景下的价值时。某种物质在特定时空背景下可能被视为废物，但在另一种背景下则可能被视为

[①] 　赵由才，赵敏慧，曾超，等．农村生活垃圾处理与资源化利用技术 [M]．北京：冶金工业出版社，2018：1.

[②] 　赵由才，赵敏慧，曾超，等．农村生活垃圾处理与资源化利用技术 [M]．北京：冶金工业出版社，2018：1.

有价值的资源。这种观念的变化是由人们对资源的认识和需求、技术的进步以及经济和社会因素的变化所驱动的。例如，过去被视为废物的某些材料，由于技术进步和资源紧张，现在可能被视为有价值的回收材料。

污泥的例子提供了对这种转变的深刻洞察。在大多数水处理过程中，污泥被视为需要处理和处置的副产品。然而，近年来，随着技术的进步和对可持续性的关注增加，污泥被认为是有潜力的资源。它可以经过适当的处理和转化，成为生物燃料、有机肥料或其他有价值的产品。这种视角的变化强调了生活垃圾定义的相对性和动态性，而不是将其视为一个固定和绝对的概念。生活垃圾的定义实际上是一个不断演变和适应的概念，反映了人类与环境之间复杂的相互作用和不断变化的需求。这也强调了在考虑垃圾和废物管理时，需要采取更加综合和系统的方法，而不是仅仅关注如何处理和处置废物，更重要的是考虑如何最大限度地利用废物中的潜在资源，以及如何将废物转化为新的产品和服务。这不仅有助于实现更加可持续的资源管理，还有助于创造新的经济机会和社会价值。

二、生活垃圾组成

生活垃圾的组成是一个反映多种因素的综合体。其内部结构和特性不是随机产生的，而是受到一系列地理、气候、文化和经济因素的共同影响的。这种多样性使得生活垃圾管理和处理成为一个需要针对性策略和技术的挑战。

自然环境和气候条件对垃圾的组成有明显的影响。例如，温暖潮湿的气候可能会导致食物和其他有机物质的迅速分解，从而在生活垃圾中产生更多的有机成分。而在寒冷的气候中，有机物可能更不容易分解，因此在垃圾中的比例可能会减少。城市的发展规模和居民的生活习性也是影响垃圾组成的关键因素。大型城市，特别是那些经济发展迅速的城市，可能会有更多的消费品包装和一次性产品产生的垃圾。而在较小的城市或农村地区，垃圾可能更多地来自农业和家庭活动，如食物残余和动植物废物。家用燃料的选择也会影响垃圾的组成。例如，使用木材或煤作为主要燃料的地区可能会产生更多的燃料残余，如灰烬和焦砟。

经济发展水平是另一个关键因素。工业发达国家通常会产生大量的有机垃圾，这部分是由消费者文化水平和高度工业化的生活方式导致的。相比之下，不太发达的国家可能会产生更多的无机垃圾，如石灰、沙子和其他天然材料。

中国的南北差异也提供了一个有趣的案例研究。南方城市，由于温暖潮湿的气候和特定的饮食习惯，往往会产生更多的有机垃圾；而北方城市则可能产生更多的无机垃圾。

三、生活垃圾的性质

生活垃圾属于一般废物，其性质与组分有关，包括物理性质和化学性质、生物化学及感官性能。其中，感官性能是指废物的颜色、臭味、新鲜或腐败的程度等，往往可通过感官直接判断。生活垃圾的其他性质则需通过某种测定才能认知。①

（一）物理性质

1. 废物的形态

生活垃圾的形态是多种多样的，不仅包括常见的固态物质，还有液态、半固态（如污泥）以及置于容器中的气态物质。这些不同形态的废物都有其特定的处理、运输和利用方法。

2. 视密度与比重

视密度是描述固态废物单位体积内的重量的指标，而液态废物则常用比重来进行描述。比重是在标准状况（1atm, 4℃）下物质与同体积纯水的质量比。对于在自然堆放状态下的生活垃圾，其单位体积内的质量被称为垃圾容重。根据垃圾的成分和压实程度，容重会有所不同，它是决定垃圾运输和处理设施设计的关键参数。

---

① 陈德珍. 固体废物热处理技术 [M]. 上海：同济大学出版社，2020：28.

3. 黏度

黏度是描述废液和泥状废物流动性的物理量，它关系到废物的输送和处理方式。高黏度的物质流动困难，可能需要特殊的输送和处理技术。

4. 闪点与易燃性

闪点是液体释放出的易燃蒸气在特定条件下可以被点燃的最低温度。根据闪点，废物可以被分类为不同的易燃性级别，如甲类、乙类和丙类危废。这些分类标准关系到废物的贮存、输送和处理方式。此外，当温度超过闪点并继续升高到足以维持火焰燃烧的温度，这个温度被称为着火点，它是焚烧炉设计的重要参数。

5. 废物的不均匀性

生活垃圾与常规物料的一个显著区别是不均匀性。废物的成分多样，尺寸、形状和物理性质都可能存在很大的变异。这种不均匀性要求在处理生活垃圾时，需要采用更多的、特殊的方法和技术来确保有效、安全的处理。

（二）化学性质

1. 工业分析

在燃料的化学研究中，工业分析是一种常规方法，主要用于判断燃料的燃烧特性。这种分析方法在煤燃料中已得到广泛应用，其内容包括水分、固定碳、挥发分和灰分四个主要参数。对于生活垃圾，这些参数同样具有重要意义，可用于判断其处理方法及焚烧时的热回收潜力。此分析方法基于《煤的工业分析方法》(GB/T 212—2008)进行。其工业分析的重要组成部分详见图2-1。

图2-1 生活垃圾的工业分析

（1）水分 。水分是生活垃圾中的一个重要组成部分，但它是不可燃的。水分在垃圾中的含量变化范围较大，这种变化会对垃圾的燃烧特性产生显著影响。具体而言，当水分含量增加时，垃圾中的可燃成分相对减少，从而导致其发热量降低。高水分含量还会增加垃圾的着火热，导致燃烧开始的时间推迟，并可能降低焚烧炉内的温度，从而影响燃烧效果。水分在热化学转化过程中会转化为水蒸气，从而增加烟气量和排烟热损失，进而降低焚烧系统的效率。此外，水分还与 SO_2 和 SO_3 反应生成亚硫酸和硫酸，可能导致设备腐蚀。当水分含量过高时，垃圾的热解和气化可能会受到影响。实际上，水分含量是评估垃圾组成的基本指标之一，并在工艺过程中用于计算垃圾的热量和质量平衡。此外，垃圾的外在水分和内在水分也是评价其化学性质的重要指标，这两种水分与垃圾的成分、季节和气候条件等因素密切相关。

（2）灰分。生活垃圾中的灰分是反映无机物含量的一个重要参数。固体废物中的矿物质成分和不可燃组分在经过焚烧后，会以灰分的形式留下。这些灰分主要由不可燃的无机物和可燃有机物的燃烧残渣组成。

灰分的含量对于垃圾处理设备的设计和运行都有重要的影响。例如，它决定了焚烧炉和气化炉出渣机构的容量，也决定了热解炉的半焦产量。如果垃圾中的灰分含量过高，它不仅会降低垃圾的热值，还会阻碍可燃物与气流的接触，这会增加垃圾的着火、气化和燃尽的难度。可燃物中的灰分通常小于 10%。但是，原生生活垃圾中的无机物含量可以在 20% 到 80% 之间，这是一个非常宽泛的范围。经过筛选后入炉的垃圾中，不可燃的无机物大约也占到了 20%。

为了改善垃圾的燃烧性能，有两种主要的方法可以减少入炉垃圾的灰分。首先，可以在垃圾入炉前尽可能地筛除不可燃的无机物。其次，可以全面推广生活垃圾的分类收集。实际上，后者是一个更为经济合理的方法。

生活垃圾的灰分测定原理是，称取一定质量（G）的分析垃圾样品置于炉内，烧至恒重，再根据灼烧后残渣的质量（G_1）计算出分析垃圾样品的灰分产率（A_{ad}）。

$$A_{ad} = \frac{G_1}{G} \times 100\% \qquad (2.1)$$

为了避免所分析垃圾样品的水分变化对灰分产率的影响，将准备的垃圾筛分含量进行基准换算，方法是以假想无水的垃圾为基准（干燥基）。由于灰分的绝对值不随基准的变化而变化，因此

$$A_{ad} \times 100 = A_d \times (100 - M_{ad}) \qquad (2.2)$$

即

$$A_d = A_{ad} \times \frac{100}{100 - M_{ad}} \qquad (2.3)$$

式中，A_d、A_{ad}分别为垃圾的干基灰分和分析基（空干基）灰分（%）；M_{ad}为垃圾的分析基水分（%）。

（3）挥发分。挥发分是固体废物在隔绝空气加热时所释放出的部分分子量较小的液态和气态产物。这些产物主要由气态碳氢化合物（如甲烷和非饱和烃）、氢、一氧化碳、硫化氢等可燃气体以及分子量较小的可燃液体组成。这种特性意味着含有高挥发分的固体废物在燃烧时更容易着火。实际上，挥发分的存在可以被视为固体废物燃烧性能的一个重要指标。

对于生活垃圾，当它在与空气隔绝的条件下加热到一定温度时，水分校正后的质量损失就可以视为挥发分。这种分析考虑了垃圾受热分解时产生的挥发性物质。需要明确的是，挥发分并不是垃圾中的固有物质，而是在特定条件下生活垃圾受热分解"挥发"出的物质。因此，挥发分的数量不仅受到垃圾本身性质的影响，还受到挥发分测定条件的限制。

由于垃圾中的各种组成物质的分子结构和断键条件各异，它们释放挥发分的初始温度也各不相同。然而，对于常见的四种有机物，如塑料、橡胶、木屑和纸张，其挥发分析出的初始温度都在 200℃ 左右。并且，随着加热温度的增加，释放的挥发分的总量也会相应增加。具体来说，当温度达到 600℃ 时，塑料的失重为 99% 以上，而橡胶、木屑和纸张的失重则分别为 55%、80% 和 80%。这一数据明确地表明，挥发分是垃圾中可燃物的主要形式之一。更为关键的是，挥发分的着火温度相对较低，它与空气混合得更为充分。这意味着，当垃圾的挥发分含量较高时，其着火和焚烧过程会变得相对容易。

（4）固定碳。染料在析出挥发分之后，所残留的焦炭扣除了灰分就是固定碳（FC），其计算公式为

$$FC_{ad} = 100 - M_{ad} - A_{ad} - V_{ad} \qquad (2.4)$$

由于固定碳表征的也是垃圾中的有机质特征，也可用于干燥无灰基表示，即

$$FC_{daf} = 100 - V_{daf} \qquad (2.5)$$

式（2.4）中，V_{ad} 为垃圾样失重占垃圾样质量的百分数减去分析基垃圾样水分，即分析垃圾样挥发分。

固定碳燃烧释放大量热，高达 32 700 kJ/kg，但点燃难，与氧接触不易，燃烧时间长。因此，高固定碳的燃料难以完全燃烧。垃圾的固定碳含量通常较低。

2. 热值

热值作为固体废物是否适合焚烧的关键特性，对焚烧炉的设计和焚烧过程中是否需要添加辅助燃料，以及计算辅助燃料量都有着决定性的意义。简而言之，热值描述了单位质量的固体废物（或对于气体而言的单位体积）在标准状态下完全燃烧时释放的热量，其单位通常是 J/g 或 J/m³。热值还可以根据最终产物中的水分是处于气态还是液态来进一步分类为低位热值和高位热值。低位热值是在计算时不包括因燃料燃烧产生的水蒸气所携带的潜热的情况下的热值，而高位热值则包括了这部分水蒸气的潜热。因此，高位热值总是大于低位热值。在选择和设计焚烧系统时，了解和考虑这些热值参数是至关重要的，因为它们可以直接影响到焚烧效率和系统的经济性。

第二节　生活垃圾产生背景

一、经济发展与消费模式变迁

（一）经济增长与消费行为的演变

随着农村的经济增长，消费行为和模式也经历了显著的演变。从宏观经济的角度看，农村地区的经济增长可以归因于多种因素，如技术进步、劳动生产率的提高、资本积累以及对外贸易的扩展。这种经济增长不仅为农村居民带来了更高的收入，还提供了更多的就业机会，从而增强了他们的购买力。在消费行为上，经济增长导致了农村居民的消费模式从基本生活需求转向更高级的、非必需的商品和服务。这一转变在很大程度上反映了马斯洛需求层次理论：当基本的生理和安全需求得到满足后，人们会寻求满足更高级的社交、尊重和自我实现需求。因此，随着经济的增长，农村居民不仅购买更多的食品和日常用品，还开始购买更多的奢侈品、电子产品和服务。

（二）市场化进程与消费结构的变化

农村的市场化进程与消费模式的变迁密切相关。在过去，尤其是在计划经济时期，农村地区的生产和消费往往是由政府指导和控制的，而市场在资源配置中的作用相对较小。但随着市场改革的深入，农村地区的生产和消费活动越来越多地受到市场机制的驱动。市场化的进程使得农村消费者有了更多的选择权。传统上，农村居民的消费选择受到了地理、季节和生产能力的限制，但现在，由于现代物流和供应链的发展，他们可以轻松地购买到各种国内外的商品。此外，广告和营销策略也影响了农村消费者的消费决策，使他们更加关注品牌、质量和时尚。

市场化还导致了农村消费结构的变化。随着收入的增长和消费选择的扩大，农村居民的消费结构从以食品、衣物和住房为主转向了更多的服务和非必需品。例如，随着信息通信技术的普及，农村居民开始购买和使用手机、电脑和其他电子产品。他们也开始消费更多的教育、健康和休闲服务。

二、文化和教育水平

（一）教育资源的缺乏与环境认知的不足

农村地区的教育资源相对落后是一个广泛认知的问题。尤其在与城市地区进行比较时，这种差异变得尤为明显。教育设施的不足、师资力量的薄弱和教育内容的局限性都是导致这一现象的关键因素。地理位置的偏远性和经济条件的制约，使得农村学校在获得现代化教育资源方面面临着巨大的挑战。例如，尽管计算机和互联网已经在全球范围内普及，但农村学校可能仍然难以为学生提供与之相关的教育机会。此外，由于教育投资的不足，农村的教育工作者可能未能接受足够的高等教育或持续的专业培训，这无疑影响了他们传授知识的深度和广度。

教育的核心目的之一是培养学生必要的知识和技能，使他们能够更好地理解并适应周围的世界。然而，当教育资源不足时，这一目标可能难以实现。特别是在环境教育方面，如果教育内容没有涉及环境科学和生态保护的相关知识，那么农村学生在这方面的认知就可能存在明显的缺陷。垃圾分类、资源回收和其他环境保护措施虽然在许多城市地区已经成为常识，但在农村地区可能仍然是陌生的概念。

这种认知上的缺口对农村地区的环境造成了直接的威胁。随意丢弃的垃圾可能污染土地和水源，而资源的浪费则加大了生态系统的压力。更为严重的是，由于缺乏环境保护意识，农村居民可能不会意识到他们行为的长期后果。例如，对于农药和化肥的过度使用可能会导致土壤退化和水质恶化，但如果没有相关的知识，农村居民可能会忽视这些问题，直到它们对生态系统和人类健康产生严重影响。

（二）传统文化与生活习惯的影响

农村地区的传统文化和生活习惯构成了该地区居民行为和决策的依据。这些文化和习惯涉及多种方面，从家族关系、对长辈的尊重，到如何庆祝重要的生活事件。在许多情况下，这些传统观念和行为模式与环境保护之间存在潜在的冲突。

某些农村地区的传统节日和习俗，如过大年、结婚和丧葬，往往要大规模地操办。这些活动可能伴随着大量的食物、饮料和礼品的购买和消费。这些商品的包装和剩余，会在短时间内产生大量的垃圾。尽管这种消费行为是为了操办重要的生活事件和维护社交关系，但其对环境的影响不容忽视。特别是在垃圾处理设施不足的地方，这些垃圾可能会被不当地处理，如随意堆放或焚烧，从而对土壤、水和空气质量造成污染。

由于传统文化中对家族、尊重长辈和维护面子的重视，有些农村居民可能在某些场合上的消费超出了他们的经济能力。这种为了面子而进行的过度消费不仅导致经济压力，还可能加剧资源的浪费和环境污染。例如，为了满足庆祝活动中的食物需求，农村地区可能过度使用农药和化肥，这不仅对土壤和水质造成了污染，还可能对人类健康产生威胁。

（三）教育与文化之间的相互作用

教育与文化之间的交互作用构成了一个复杂的关系网络，影响着居民的生活方式、价值观和行为模式。这种交互不仅决定了农村居民如何看待和应对环境问题，还影响了他们对知识和技能的追求和评价。

教育作为知识和技能的传播途径，有能力对文化进行塑造和改变。通过教育，农村居民可以接触到新的知识和观念，这可能促使他们对传统的生活方式和价值观进行反思和调整。特别是在环境教育方面，通过学习现代的环境科学和生态保护知识，农村居民可以更加深入地理解资源保护和垃圾分类的重要性。这种认知的提高可能会促使他们更加珍惜资源、减少浪费和采取环境友好的行为。

文化作为一种深层次的信仰和习惯体系，也对教育产生了深远的影响。

在某些文化背景下，教育的重点可能放在传统知识和技能的传承上，而不是放在现代科学和技术的普及上。这种文化导向的教育模式可能会限制农村学生在环境保护方面的知识和技能的发展。例如，如果教育只重视传统的农业技术，而忽视了现代的生态农业和资源循环的知识，那么农村居民可能会继续采用对环境有害的农业方法。文化对农村居民的观念和态度也产生了深刻的影响。由于某些文化观念的束缚，农村居民可能对某些环境保护措施持有固定的态度，这影响了他们对这些措施的接受和实施程度。例如，如果文化中强调人与自然的征服关系，那么农村居民可能会对生态保护持有怀疑或反感的态度。

三、社会组织与基础设施

（一）基础设施的不足与垃圾处理问题

资金短缺是农村基础设施建设面临的主要障碍之一。与经济更为发达的城市地区相比，农村地区的财政收入通常较低，这使得大规模的基础设施投资变得困难。而垃圾处理和回收设施，作为一种长期投资，需要大量的前期资金，包括土地购置、设备购买和人员培训。缺乏足够的资金可能导致这些设施的规模和数量远远低于实际需求，或者在建设过程中牺牲了质量和效率。技术挑战也是农村地区在垃圾处理方面面临的问题。尽管现代技术在垃圾处理和资源回收方面取得了显著的进展，但这些技术可能并未被广泛传播到农村地区。这可能是由于缺乏培训和教育资源，或是因为这些技术在农村环境中难以实施。例如，某些高效垃圾分类和回收技术可能需要复杂的设备和专业知识，而这些在农村地区可能难以获得。

由于这些限制，许多农村地区在垃圾处理方面仍然采用简单而低效的方法。开放焚烧和直接堆放是这些方法中最常见的两种。这些方法不仅对环境造成污染，还可能威胁到人类健康。开放焚烧会释放大量有毒的气体和颗粒物，这些污染物可能对人类呼吸系统和心血管系统产生危害。直接堆放的垃圾则可能成为害虫和病原体的滋生地，从而导致疾病的传播。简单的垃圾处理方法也浪费了大量的资源。未经处理或回收的垃圾中可能包含有价值的材料，如金属、塑料和纸张。如果这些有价值的材料得到妥善的回收和再利用，不仅可以为农村地区带来经济效益，还可以减少对环境的压力。

（二）地理分散与垃圾收集的挑战

在城市地区，由于居民点相对集中，垃圾收集和运输相对简单和高效。但在农村，居民点的分散性意味着垃圾收集车需要经过更长的距离和更多的时间才能完成垃圾收集任务。这不仅增加了运营成本，还可能导致垃圾收集不够及时。对于垃圾收集车来说，可能需要在短时间内穿越多个村庄，而每个村庄产生的垃圾量都可能不够大，不足以满足垃圾车的运载能力。这种低效的运作模式可能导致资源的浪费，并增加垃圾处理的难度。

交通不便也是农村垃圾收集面临的一个重要问题。农村的道路条件可能不如城市，特别是在雨季或其他恶劣天气条件下。这可能导致垃圾收集车无法到达某些地方，或者在到达后难以进行有效的垃圾收集。此外，由于某些农村地区距离城市或垃圾处理中心较远，垃圾收集和运输的成本也会相应增加。这种增加的成本可能导致垃圾处理服务提供商选择放弃服务某些地区，从而使这些地区的垃圾得不到妥善处理。

偏远地区的居民可能更加容易受到垃圾收集服务的忽视。由于这些地方的人口稀少，道路条件差，垃圾收集服务提供商可能认为为这些地方提供服务的成本超出了其所带来的收益。这意味着这些地区的居民需要自己处理垃圾，或者选择不当的垃圾处理方法，如随意丢弃或焚烧。

综合上述因素，农村地区的垃圾收集和运输面临着严峻的挑战。为了改善这种状况，需要对农村的交通和基础设施进行投资和改善，提高垃圾收集和处理的效率。还需要加强农村居民的教育和培训，提高他们对垃圾处理和环境保护的认识，确保农村地区的环境健康和可持续发展。

（三）社会组织的局限性与环境意识

社会组织是社会运作的重要组成部分，它们扮演着连接政府、企业和公众的桥梁角色。有效的社会组织可以推动各种议题，包括环境保护和垃圾处理。但在农村地区，这种组织往往存在局限性。与城市中成熟、多样的非政府组织和社区团体相比，农村的社会组织在规模、资源和影响力上可能都相对较小。规模的局限性导致农村社会组织在应对大规模、复杂的环境问题时面临困难。小规模的组织可能难以集结足够的人力和物力资源来开展广泛的宣传和教育活动。这直接影响了其在提高公众环境意识和推广环保行为方面的效果。

资源的短缺也是农村社会组织面临的问题。这不仅包括财务资源，还包括技术、知识和信息资源。由于缺乏足够的资源，农村社会组织可能难以获取和传播最新、最准确的环境保护知识。这对提高农村居民的环境意识和行动能力构成了障碍。影响力的局限性意味着农村社会组织在推动政策变革和公众参与方面可能受到限制。与城市中的大型、有影响力的组织相比，农村的小型组织可能在与政府和企业的互动中处于劣势。这种劣势使得它们在推动环境保护议题上可能面临更多的困难。

由于这些局限性，农村地区的环境保护意识可能并未得到充分的提高。缺乏有效的宣传和教育活动意味着农村居民可能对环境问题和其长期影响了解不足。这种知识缺口进一步导致了他们在日常生活中缺乏环境保护的行动和意识。

（四）资金和技术短缺与设施建设

资金短缺是影响农村垃圾处理设施建设的主要因素之一。设施建设，特别是现代化的、技术含量高的设施，需要大量的前期投资。这包括土地购置、设备采购、建筑施工以及初期的人员培训和运营资金。对于许多农村地区来说，这样的投资规模可能超出了他们的经济承受能力。即使在政府或外部机构提供资金支持的情况下，农村地区也可能由于缺乏资金管理和运用的经验，而难以高效利用这些资金。

技术短缺则给农村地区带来了另一层挑战。现代的垃圾处理技术，如垃圾分类、有机废物堆肥和高效焚烧技术，需要专业知识和技能进行操作和维护。农村地区可能缺乏这样的专业人才，而培训新的技术人员则需要时间和资源。此外，由于技术更新迅速，农村地区可能很难跟上这种更新速度，从而导致垃圾处理技术和方法落后。

这种资金和技术的双重短缺不仅影响了新的垃圾处理设施的建设，还对现有设施的运营和维护带来了困难。由于缺乏足够的运营资金，一些设施可能难以保持持续、稳定的运作。技术问题，如设备故障和维护困难，可能进一步加剧这些问题。这些问题不仅影响了设施的效率和效果，还可能对周围环境和居民健康造成威胁。为了应对这些挑战，需要对农村地区的资金和技术支持进行加强。这包括提供更多的财政支持、技术培训和人才引进，以及与其他国家和地区的技术合作和交流。只有这样，才能确保农村地区的垃圾处理设施得到有效建设和运营，从而促进农村的环境健康和可持续发展。

四、环境观念与生态压力

（一）生态压力与不当的垃圾处理

随着农村地区的经济进步和人口膨胀，对土地和水资源的需求不断增加，导致了相应的生态压力。农村地区的土地和水资源往往是当地居民生计的基石，但当这些资源受到威胁时，整个社区的生计和生态健康都可能受到影响。

不当的垃圾处理方式是加剧这种生态压力的重要因素。开放焚烧和随意堆放不仅释放了有毒的化学物质和污染物，还可能导致土地和水资源的长期污染。例如，焚烧垃圾时产生的有害物质可能沉积在土壤中，影响植被生长和土地的肥力。随意堆放的垃圾则可能对地下水产生污染，影响到农田灌溉和家庭饮用水的安全。这种与生态系统的直接互动使得农村地区对于生态压力尤为敏感。不当的垃圾处理方法不仅破坏了农村地区的生态平衡，还可能对当地居民的健康和生计产生长期的负面影响。

（二）传统环境观念与生态友好的垃圾处理

尽管农村地区面临严重的生态压力，但其深厚的传统环境观念为推动生态友好的垃圾处理方式提供了有力的支撑。在农村社区，许多传统的习俗和信仰都与土地和自然资源有着密切的关联。这种与自然的紧密联系使得农村居民对土地和资源产生了敬畏和珍视。这种传统环境观念为推动生态友好的垃圾处理提供了潜在的社会基础。当地居民往往更愿意采纳与自然和谐相处、对环境友好的垃圾处理方法。例如，有机废物的堆肥和再利用、减少化学物质的使用和推广生态农业等方法可能会受到当地社区的欢迎和支持。

但要充分利用这种传统环境观念，还需要结合现代技术和方法，提供必要的培训和教育，确保农村居民能够有效地应对生态压力，同时保护和维护他们与土地和资源的深厚联系。

第三节　生活垃圾产生量

一、生活垃圾产生量概述

生活垃圾产生量，即在日常生活中由家庭、商业和其他非工业来源产生的固体废物的总量，是衡量城市和农村地区废物管理效率和资源消费速度的重要指标。在环境科学、城市规划和公共卫生领域，对生活垃圾产生量的研究一直都是一个热门话题，因为它与地方政府的废物管理策略、资源消费模式和环境污染水平密切相关。理解生活垃圾产生量的影响因素是制定有效的废物管理策略的关键。这些因素可以分为社会经济因素、文化因素和技术因素。

社会经济因素包括人口密度、家庭收入和消费习惯。当一个地区的人口密度增加时，该地区的生活垃圾产生量通常也会增加，因为更多的人意味着更多的消费和废物产生。家庭收入与生活垃圾产生量之间也存在正相关关系。一般来说，收入较高的家庭更倾向于购买更多的商品和服务，从而产生更多的废物。消费习惯，如食品选择、购物习惯和娱乐方式，也会影响生活垃圾产生量。

文化因素主要指的是人们对待废物和资源的态度和价值观。在某些文化中，节俭和重复使用是被鼓励的价值观，这可能会降低生活垃圾产生量。而在其他文化中，购买新商品和追求时尚可能更受欢迎，这可能会增加生活垃圾产生量。

技术因素涉及废物处理和回收技术的发展。随着技术的进步，一些传统上被认为是垃圾的物品现在可以被回收或转化为有价值的资源。例如，有些先进的垃圾处理设备可以将有机废物转化为生物气体，从而为城市供应清洁能源。随着回收技术的发展，许多原本被丢弃的物品，如纸张、塑料和玻璃，现在可以被回收并再次使用。

考虑到这些影响因素，地方政府和组织需要采取一系列策略来管理和减少生活垃圾产生量。这包括提高公众对废物减少和回收的意识，推广环保产品和包装，以及鼓励企业采取环保设计和生产方式。只有当所有利益相关者，包括公众、企业和政府，共同努力并承担责任时，才能有效地管理和减少生活垃圾产生量。这需要一个综合的、多部门的合作方法，以确保资源的可持续使用和环境的保护。

二、农村生活垃圾的产生量和增长趋势

随着农村经济的发展，我国农村生活垃圾产生量与日俱增，且呈现出来源渠道多元化、垃圾成分复杂化、有机垃圾比例增加化等特征。[①] 目前我国农村人均垃圾产生量为0.86kg/d[②]，密度约为$0.368t/m^3$[③]，不同地区的生活垃圾产量差别很大。如北京地区农村生活垃圾人均日产量最高为3.0kg，而青海地区农村生活垃圾人均日产量为0.2kg。

---

① 常文韬，袁敏，闫佩.农业废弃物资源化利用技术示范与减排效应分析 [M].天津：天津大学出版社，2018：107.

② 姚伟，曲晓光，李洪兴，等.我国农村垃圾产生量及垃圾收集处理现状 [J].环境与健康杂志，2009，26（1）：10-12.

③ 范先鹏，董文忠，甘小泽，等.湖北省三峡库区农村生活垃圾发生特征探讨 [J].湖北农业科学，2010，49（11）：2741-2745.

近年农村垃圾产生量的增长速度与我国的经济增长速度相似，每年以8%至10%的速度增长。这种增长趋势使得农村生活垃圾的年均排放总量持续上升，而且增长速度高于城镇垃圾的排放量增长速度。受到经济发展水平、消费结构、燃料结构和生活习惯等因素的影响，我国不同省份的农村生活垃圾人均日排放量存在明显差异。例如，在经济发展水平较低的北方地区，无机垃圾占比较大，如山东省和河南省的无机垃圾分别占农村生活垃圾的69.4%和68%，而在经济水平较高的江苏省，无机垃圾仅占16.1%。北方省份的农村生活垃圾人均日排放量也高于南方省份。

三、不同地区农村生活垃圾产生量的影响

农村生活垃圾产生量的区域差异是一个复杂而多元化的问题，它受到多种因素的综合影响。

（一）人口数量

每个人在日常生活中都会产生各种各样的垃圾，从而人口数量的多寡直接影响了垃圾产生量的总量。在人口密度较高的地区，由于人群的集中，会有更多的消费活动和日常生活活动发生，从而可能会出现更高的生活垃圾产生率。大量的人口聚集在相对狭小的区域内，导致了生活垃圾的快速积累。人口的年龄结构和家庭结构也是影响垃圾产生量及种类的重要因素。不同年龄段的人可能会产生不同种类和数量的垃圾。例如，年轻人可能更倾向于购买快餐、便利食品和其他包装丰富的商品，这将导致大量的包装垃圾和食品垃圾产生。老年人可能会有更多的传统消费习惯和保持节俭的生活方式，导致他们产生的垃圾种类和数量与年轻人存在差异。家庭结构的不同也会产生不同的影响。例如，多子女的家庭可能会产生更多的与儿童用品相关的垃圾，而单身或无子女的家庭可能会产生更多的与成人消费品相关的垃圾。这种差异不仅仅体现在垃圾的数量上，更体现在垃圾的种类和处理需求上。所有这些因素都构成了一个复杂的系统，影响着不同地区农村生活垃圾产生量的多样性。在制定相关的垃圾处理和减量政策时，对这些影响因素的理解和

考虑是非常必要的。通过合理的政策设计和实施，可以有效地控制和管理农村生活垃圾的产生，减轻其对环境和社区的负面影响。

（二）居民经济水平

经济水平对于垃圾产生量的影响呈现多方面的体现。在经济水平较高的地区，居民的消费能力得到显著提升，这种提升不仅仅表现在基本生活需求的满足上，更表现在对于非基本生活需求的追求上。

随着消费能力的增强，消费品的购买量自然呈现出上升的趋势，而这无疑会带来更多的包装垃圾和食品垃圾的产生。包装垃圾和食品垃圾的增多，直接反映了现代消费文化和生活方式的变化。经济发达地区通常具有更加多元化的商品供应，这种多元化不仅仅满足了居民多样化的需求，也刺激了他们的购买欲望。多元化的商品供应让居民有更多的选择，但也意味着更多的商品购买和垃圾产生。经济发达地区的商品更新速度通常更快，新商品的快速推出和旧商品的快速淘汰，形成了一种快速消费模式。这种快速消费模式不仅仅推动了经济的快速发展，也导致了大量垃圾的快速产生。每当新商品出现，旧商品就会被淘汰，而这种淘汰不仅仅发生在技术产品上，也发生在日常消费品上。例如，新款的包装设计、新款的服装、新款的家居用品等，都可能成为推动居民购买的动力，从而导致旧商品成为垃圾。这种现象在经济发达地区尤为明显，因为居民具备更高的经济能力去追求更新的、更好的、更时尚的商品。这不仅仅导致了大量垃圾的产生，也反映了现代社会消费主义文化对环境可持续性的挑战。

（三）生活水平

生活水平的提高是现代社会进步的一种表现，它通常伴随着消费水平的提高和生活品质的改善。在这样的背景下，人们对于日常生活的需求和期望也随之提高，这种提高不仅仅体现在基本生活条件的改善上，更体现在对于更为舒适、便捷和美好生活的追求上。随着生活水平的提高，人们的消费选择也变得更为多样化，对于一次性产品和包装物的依赖程度也不断增加。一次性产品和包装物为人们提供了便捷，但其背后是大量垃圾的产生，这些物品在满足人们短期需求后，很快就失去了价值，成为需要处理的垃圾。这种现象在很大程度上反映了现代消费社会的特点，即追求即时的满足和便捷，而忽略了对环境的长期影响。

生活水平的提高也可能带来更多的电子废弃物和有害垃圾的产生。随着科技的发展和人们生活水平的提高，电子产品成了人们生活不可或缺的一部分。电子产品的更新换代速度非常快，新产品的推出往往伴随着旧产品的淘汰，从而导致大量的电子废弃物产生。这些电子废弃物不但数量巨大，而且往往含有有害物质，对环境和人体健康构成威胁。随着生活水平的提高人们对于化学产品和药品的使用也增加，这也会导致更多的有害垃圾产生。例如，过期药品、化妆品和清洁产品等，这些都可能成为有害垃圾，需要妥善处理以保护环境和人体健康。生活水平的提高带来了人们生活质量的提升，但同时带来了环境问题。如何在享受高生活水平的同时降低对环境的负面影响，是现代社会面临的重要课题。通过提高人们的环保意识、推广绿色消费理念、发展循环经济和推动垃圾分类、回收和处理技术的进步，可以在一定程度上缓解由于生活水平提高而产生的垃圾问题，实现社会的可持续发展。

（四）家庭人口结构

一方面，家庭的大小和结构直接关系到家庭生活的日常运作和消费活动，从而影响了垃圾的产生量和种类。例如，大家庭由于人口多，日常生活中的集体活动较多，如集体用餐、集体娱乐等，这些活动往往会产生更多的垃圾，包括食品垃圾、包装垃圾和其他生活垃圾。而小家庭可能因为人口少，相对集体活动较少，垃圾产生量相对较低。另一方面，家庭中不同成员的存在也会导致不同种类和数量的垃圾产生。例如，儿童可能会产生大量的玩具包装垃圾和食品包装垃圾，而老人可能会产生一些医药垃圾和其他特定类型的垃圾。

家庭成员的年龄和生活需求是影响垃圾产生的重要因素。不同年龄段的家庭成员有不同的生活需求和消费习惯，这种差异性会直接影响到垃圾的产生。例如，年轻人可能更倾向于购买新潮的商品和快速消费品，而中老年人可能更倾向于传统的消费模式和节俭的生活方式。这种不同的消费模式和生活方式将在垃圾产生上呈现出明显的差异。家庭成员的健康状况也可能影响垃圾产生量和种类。例如，家庭中若有患病的成员，可能会产生更多的医药垃圾和特殊垃圾。

家庭人口结构的多样性使得垃圾产生和处理成为一个复杂而多层次的问题。在面对家庭垃圾产生和处理问题时，应充分考虑家庭人口结构的影响，从而制定出更为合理和有效的垃圾管理措施。了解和研究不同家庭人口结构对垃圾产生的影响，可以为垃圾减量和资源回收提供有益的参考和指导，实现家庭垃圾的有效管理，促进社区和社会的可持续发展。

（五）能源结构

能源结构是反映一个地区能源消费和供应特点的重要指标，它直接影响到该地区垃圾产生量及类型。例如，依赖木材和煤炭的地区由于这两种能源在使用过程中会产生大量的燃烧残渣和灰烬，因此这类地区的燃烧残渣和灰烬垃圾量往往较高。这些燃烧残渣和灰烬不但增加了垃圾的总量，而且对环境构成了一定的污染。相对而言，依赖电力和天然气的地区可能会产生较少的这类垃圾，因为电力和天然气在使用过程中产生的固体残渣较少。但是，这种依赖可能会导致其他类型垃圾的增多，如电子废弃物。

能源结构的变化是随着社会经济发展和技术进步而逐渐演变的，这种变化不仅仅影响到能源消费模式，也影响到垃圾产生模式。随着新能源技术的发展，如太阳能、风能和其他可再生能源，能源结构可能会得到优化，而这种优化可能会带来垃圾产生模式的变化。例如，随着电力消费的增加，电子产品和电力设施的使用也会增加，从而可能会带来更多的电子废弃物和特殊垃圾。电子废弃物通常包括废弃的电子设备、电池、电线等，这些废弃物不但数量庞大，而且可能含有有害物质，对环境和人体健康构成威胁。

能源结构的变化也可能会影响人们的消费习惯和生活方式，从而间接影响垃圾产生量和种类。例如，随着电力和天然气的普及，人们可能会更倾向于使用电力设备和天然气设备，而这可能会带来与这些设备相关的垃圾产生。能源价格的变化也可能会影响人们的消费选择和垃圾产生。例如，能源价格的上涨可能会导致人们减少能源消费，从而可能会影响垃圾产生量和种类。

（六）文化程度

在文化程度较高的地区，居民通常有更强的环保意识和可持续发展意识，这种意识将影响他们的消费选择和日常行为，从而间接影响垃圾的产生和处理。例如，文化程度较高的居民可能会更倾向于选择环保产品和服务，减少一次性产品的使用，积极参与垃圾分类和回收活动，这些行为有助于减少垃圾的产生和提高垃圾的回收率。

文化程度较高的地区通常会有更好的垃圾分类和回收系统。这不仅仅是因为居民有更强的环保意识和参与意愿，也是因为他们有更高的知识水平和技能，能够更好地理解和执行垃圾分类和回收的规则。而且，文化程度较高的地区通常也会有更好的公共服务和社区组织，这些组织会推动垃圾分类和回收的实施，提供必要的设施和支持。通过有效的垃圾分类和回收，可以减少垃圾的最终产生量，减轻垃圾对环境的负面影响。文化程度也可能影响居民对于环保和可持续发展的认知。随着教育水平的提高，居民会有更多的机会接触到环保和可持续发展的知识，了解人类活动对环境的影响和个人可以采取的环保行为。这种认知会影响他们的消费选择和生活方式，使他们更倾向于选择环保和可持续的产品和服务，减少不必要的消费和浪费。例如，文化程度较高的居民可能会更倾向于购买耐用和可回收的产品，减少一次性产品的使用，通过这些方式减少垃圾的产生。

（七）社会行为准则

在不同地区，由于文化背景、法律法规和社会经济条件的差异，可能会形成不同的社会行为准则和垃圾处理模式，从而影响垃圾产生量和处理效率。例如，一些地区可能会通过法律法规和政策推广垃圾分类和回收，强化居民的环保意识和责任感，从而减少最终的垃圾产生量，提高垃圾处理的效率。

对垃圾分类和回收的强制性规定是推动垃圾减量和资源回收的重要手段。通过明确的法律法规和政策规定，可以规范居民的垃圾处理行为，提高垃圾分类和回收的准确率。例如，一些地区可能会通过立法和政策推广垃圾分类，要求居民按照一定的标准分类投放垃圾，提供相应的分类投放设施和回收服务，通过这些措施减少垃圾的混合投放，提高垃圾回收的效率。通过宣传教育和社区活动，可以提高居民的环保意识和参与意愿，形成良好的社会行为准则和垃圾处理习惯。

不同地区的社会行为准则和法律法规也可能会导致不同的垃圾处理和回收模式。例如，一些地区可能会采取更为严格的垃圾处理标准和回收要求，而其他地区可能会有较为宽松的规定。这种差异可能会导致不同地区的垃圾处理效率和资源回收率存在差异，影响垃圾减量和资源回收的效果。

第四节　生活垃圾危害

农村生活垃圾的问题在近年来得到了广泛的关注。从学术角度来看，农村生活垃圾的危害可以从环境、健康、社会以及经济四个方面来分析。详见图 2-2。

图 2-2　生活垃圾的危害

一、环境危害

（一）污染水源

在农村地区，生活垃圾中的有机物质、重金属、化学残留物及其他有害物质，如未经妥善处理，极易通过降水、渗透和径流等途径进入水体。这些有害物质一旦进入水体，便可能对水质造成严重污染。例如，重金属和有机污染物能够通过土壤渗透进入地下水，而塑料、化学物质和其他不可降解物质则可能流入河流和湖泊，造成表面水污染。

水源污染不仅威胁到人类的饮用水安全，还可能对水生生态系统造成破坏。有害物质的积累会导致水体的生物多样性降低，影响水生生物的生长和繁殖，甚至可能导致一些物种的灭绝。水源污染还会影响农村地区的农业生产。农民通常依赖地下水和河流为农田提供灌溉水，而水源的污染可能会导致农作物的收成减少和质量下降，进一步影响农民的生活收入和农村经济的发展。

在解决农村生活垃圾对水源污染的影响时，需从垃圾分类、收集和处理等多个环节着手，建立完善的农村生活垃圾处理体系。还需加强农民的环保意识教育，引导农民参与到垃圾处理的全过程中，以保障农村水源的安全和清洁。

（二）土壤污染

生活垃圾中含有多种有害物质，如重金属、有机污染物、化学残留物等，这些物质可能通过渗透、溶解和风化等途径进入土壤，从而对土壤的物理、化学和生物特性产生负面影响。

不妥善处理的生活垃圾与农村土壤直接接触，使得有害物质易于渗透到土壤中。这种渗透作用可能会改变土壤的酸碱度、离子浓度和有机质含量，进而影响土壤的结构和肥力。土壤的肥力下降会直接影响农作物的生长，降低农作物的产量和质量，进而对农民的收入和农村经济产生负面影响。

土壤中的有害物质还可能影响土壤微生物的活性和多样性。土壤微生物在维持土壤生态系统健康和促进植物生长方面起着至关重要的作用。有害物质的渗透可能会抑制土壤微生物的活性，影响微生物群落的结构和功能，进而影响土壤的生物活性。土壤污染还可能通过食物链对人类健康构成威胁。当土壤中的有害物质被农作物吸收时，这些有害物质可能会进入食物链，对人类健康产生潜在风险。

为解决农村生活垃圾对土壤污染的影响，需从垃圾分类、收集和处理等多个环节入手，建立和完善农村生活垃圾处理体系。也需加强对农民的环保意识教育，提高农民参与垃圾处理的积极性和主动性，以保障农村土壤的健康和生态安全。

（三）空气污染

生活垃圾的不当处置，特别是通过焚烧的方式，会释放大量有害气体及有毒有害物质，对大气环境和人类健康构成威胁。焚烧是一种常见的垃圾处理方式，但同时是空气污染的主要来源之一。在焚烧过程中，生活垃圾中的有机物质会被转化为二噁英、多环芳烃、挥发性有机物等有毒有害物质。特别是二噁英，其对人体和生态环境的毒性极高，是公认的致癌、致畸、致突变物质。而且，二噁英的环境迁移能力强，持久性高，可在环境中长期存在，对生态环境和人体健康构成长期威胁。

除了有毒有害物质，焚烧过程还会释放大量的硫氧化物和氮氧化物。这些气体是空气污染的主要成分，能够导致空气质量恶化，影响人类呼吸系统健康。特别是在冬季，当空气流动减缓时，这些污染物可能会在地面附近积聚，形成雾霾，严重影响人们的日常生活和健康。焚烧过程还会释放大量的二氧化碳和甲烷等温室气体。这些温室气体能够吸收和重新辐射地球表面的红外辐射，增强温室效应，导致全球气温升高。温室效应的加剧可能会导致极端天气事件的频发、海平面的升高及生态系统的改变，对农村社区的生态环境和经济发展构成威胁。

为缓解和防止农村生活垃圾焚烧对空气污染的影响，需要建立完善的垃圾分类、收集和处理系统，推广安全、有效的垃圾处理技术，如生物降解和垃圾回收。还需要加强对农民的环保意识教育，提高农民参与环保工作的积极性和主动性，以实现农村的环境保护和可持续发展。

二、健康危害

（一）疾病传播

不当处理的生活垃圾为病媒生物如蚊蝇提供了良好的滋生、繁殖条件，从而成为疾病传播的媒介。生活垃圾中的有机物质，如食物残渣、腐烂的植物和动物尸体，为病媒生物提供了丰富的营养源。这些条件使得蚊蝇等病媒生物能在垃圾堆中大量繁殖，增加了病原体传播的风险。病媒生物携带的病原体，如细菌、病毒和寄生虫，可以通过媒介的叮咬、粪便或直接接触传播给人类。例如，蚊子是疟疾和登革热的主要传播媒介，而苍蝇则可能传播霍乱、伤寒和其他消化道疾病的病原体。这些疾病的暴发和传播不仅威胁到农村社区的公共健康，也会对社区的社会经济发展造成负面影响。疾病的治疗和防控需要投入大量的医疗资源，也会减少农民的劳动力和降低生产效率，影响农民的收入和生活质量。

病媒生物的滋生和疾病的传播是农村生活垃圾不妥善处理的直接后果。为减轻和防止病媒生物传播疾病的风险，必须建立和完善农村生活垃圾的分类、收集和处理系统，确保生活垃圾得到妥善处理。也需要加强对农民的公共卫生和环保意识的教育，提高农民的环保行为和病媒生物防控的知识水平，以保障农村社区的公共卫生和社会经济稳定。

（二）有毒物质危害

生活垃圾中可能含有多种有毒有害物质，如重金属、有机污染物、化学残留物等。这些物质可能通过多种途径进入人体，其中一个重要的途径便是食物链。生活垃圾的堆放和不当处置可能导致重金属和有机污染物进入土壤和水体。土壤和水体中的重金属，如铅、镉和汞，可能被农作物吸收，而有机污染物，如多环芳烃和多氯联苯，可能通过土壤和水体进入食物链。这些物质一旦进入食物链，就可能通过食物传播给人类和其他生物。

重金属和有机污染物对人体健康的影响是多方面的。重金属可能对人体的神经系统、循环系统和生殖系统产生毒性作用。长期暴露于重金属的环境中，可能会导致神经系统疾病、肝脏和肾脏功能障碍甚至癌症的发生。有机污染物可能具有致癌、致突变和内分泌干扰等毒性效应。这些物质的累积可能会影响人体的生殖健康、免疫功能和发育过程。

农村生活垃圾中的有毒有害物质危害，突显了建立和完善农村生活垃圾处理系统的重要性。通过垃圾分类、收集和处理，可以有效减少有毒有害物质的释放和累积，从而降低对人体健康的威胁。加强农民的环保意识和公共卫生知识的教育，可以提高农民的环保和食品安全意识，为保护农村社区的公共健康和社会经济稳定提供支持。

三、社会危害

（一）生活质量降低

农村生活垃圾的不妥善处理问题对居民的生活质量构成明显威胁。生活垃圾的堆积会影响农村的环境卫生，降低居民的生活满意度，影响社区的社会和谐和稳定。生活垃圾的堆积可能会导致环境卫生状况恶化，产生恶臭、吸引病媒生物并影响美观。恶劣的环境卫生状况会影响居民的心理健康和生活满意度。人们生活在垃圾堆积、环境污染的环境中，会产生压力和焦虑，降低生活幸福感。

生活垃圾堆积还可能影响农村社区的公共设施和基础设施。垃圾可能会阻塞水渠和排水系统，影响雨水排放和污水处理。垃圾堆积还可能占用宝贵的土地资源，影响农村社区的土地利用效率和社区规划。生活垃圾堆积还可能影响农村社区的社会关系和社会和谐。垃圾处理问题可能会引发邻里纠纷和社区冲突。垃圾处理问题还可能影响农村社区的公共信任和社会凝聚力，降低居民对社区和政府的满意度和信任度。

为解决农村生活垃圾问题，需要建立和完善农村生活垃圾的分类、收集和处理系统。通过提高垃圾处理效率和环保意识，可以改善农村的环境卫生条件，提高居民的生活质量，促进社区的社会和谐和稳定。加强对农民的环保教育，提高农民的环保意识，是解决农村生活垃圾问题、提高居民生活质量的重要措施。

（二）公共安全问题

农村生活垃圾的不妥善处理问题对社区的公共安全构成实质威胁。其中，火灾风险的增加是一个重要方面。生活垃圾的堆积和不当处理可能为火灾的发生提供了条件，还可能导致其他公共安全问题，影响社区的稳定和居民的生活质量。生活垃圾中的可燃物质如纸张、塑料和有机物质，若未得到妥善处理，可能会增加火灾的风险。堆积的垃圾可能被误点燃或被蓄意点燃，导致火灾的发生。火灾不仅可能造成财产损失和人员伤亡，还可能对周围环境造成破坏，如空气污染和水源污染。火灾的发生还可能对社区的公共安全感和社区凝聚力产生负面影响，降低居民的生活满意度和信任度。

除火灾风险外，生活垃圾的不妥善处理还可能导致其他公共安全问题产生。例如，垃圾堆积可能会阻塞交通，影响交通安全和应急响应。垃圾的非法倾倒可能会影响公共设施和基础设施的正常运作，如阻塞排水系统，导致水患和环境污染。垃圾堆积还可能吸引病媒生物，增加疾病传播的风险，影响公共卫生和社区健康。

为解决农村生活垃圾的公共安全问题，需要采取综合措施。建立和完善农村生活垃圾的分类、收集和处理系统，是解决公共安全问题的基础。通过有效的垃圾处理，可以减少火灾风险，保障交通安全和公共卫生，提高社区的安全感和稳定性。加强对农民的环保教育，提高农民的环保意识，是解决农村生活垃圾问题、提高公共安全的重要措施。通过提高农民的环保意识，可以减少垃圾的非法倾倒和不当处置现象，减少公共安全问题的发生。

四、经济危害

（一）清理和处理成本

生活垃圾的产生与处理是一个持续、复杂的问题，涉及多方面的成本投入，包括人力、财力和技术资源。在资源有限的农村社区，垃圾处理成本可能会占据社区财政的重要部分，影响社区的经济发展和居民的生活质量。生活垃圾的清理和处理需要投入大量的人力资源。从垃圾的分类、收集、运输到处理，每个环节都需要人力投入。人力资源的投入不仅包括直接的劳动力，还包括管理和监督的人力资源。这些人力资源的投入可能会影响其他社区服务和发展项目的人力配置，降低社区服务的效率和质量。

财力资源的投入是垃圾处理成本的重要组成部分。垃圾处理设施的建设、维护和运营需要大量的资金投入。垃圾处理过程中可能产生的环境污染和公共安全问题，也可能需要额外的财力资源来解决。这些财力资源的投入可能会影响社区的财政平衡，减少社区对其他重要发展项目的投资，如教育、医疗和基础设施建设。

有效的垃圾处理需要先进的技术支持。在技术资源有限的农村社区，垃圾处理的技术问题可能会增加处理成本，影响处理效率和效果。技术资源的投入还可能影响社区的技术创新和技术进步，降低社区的技术竞争力。

农村生活垃圾的清理和处理成本问题不仅影响社区的经济资源配置，还可能影响社区的社会关系和社会和谐。垃圾处理成本的分担可能会引发社区内部的纠纷和冲突，降低社区凝聚力和稳定性。

为解决农村生活垃圾的清理和处理成本问题，需要综合措施。提高垃圾处理的效率和效果，是降低处理成本的重要措施。加强对农民的环保教育，提高农民的环保意识和行为，也是降低垃圾处理成本、提高社区经济效益的重要途径。通过综合措施，可以有效解决农村生活垃圾的清理和处理成本问题，促进农村社区的经济发展和社会稳定。

（二）农业生产力下降

生活垃圾中可能含有多种有毒有害物质，如重金属和有机污染物。这些物质可能通过多种途径，如渗漏、径流和风化，进入农村的土壤和水源，从而影响农业生产力和农村经济。

土壤是农作物生长的基础，其质量直接影响农作物的产量和质量。生活垃圾中的有毒有害物质可能会降低土壤的肥力，影响土壤的微生物活性和结构稳定性。重金属的积累可能会导致土壤硬化和盐碱化，影响农作物的生长和产量。土壤中的有机污染物可能会影响农作物的生长和发育，降低农作物的产量和质量。水是农业生产的重要资源，其质量直接影响农业生产效果。生活垃圾中的有毒有害物质可能会污染农村的地下水和地表水，影响农业灌溉和农作物的生长。水源的污染可能会导致农作物的生长受限，降低农作物的产量和质量。

农业生产力的下降可能会对农村经济构成负面影响。农业是农村经济的重要组成部分，农业生产力的下降可能会降低农民的收入和生活水平。农业生产力的下降可能会影响农产品的供应，导致农产品价格的波动，影响农村的经济稳定和发展。

为解决农村生活垃圾对农业生产力的影响，需要综合措施。建立和完善农村生活垃圾的分类、收集和处理系统，是降低土壤和水源污染的重要措施。通过垃圾分类和回收，可以减少有毒有害物质的释放和积累，保护农村的土壤和水源。加强对农民的环保教育，提高农民的环保意识，也是降低农村生活垃圾对农业生产力影响的重要途径。通过综合措施，可以有效降低农村生活垃圾的影响，提高农业生产力，促进农村经济的发展和稳定。

第三章　农村生活垃圾的治理

　　自改革开放以来，中国农村居民的物质生活条件得到了显著提升，随着生活水平的提高，农村生活垃圾问题逐渐凸显。研究显示，2017年我国农村生活垃圾总量约为1.8亿吨。这种"院内干净整洁、院外垃圾乱飞"的现象严重影响了农村居民的居住环境。更为严重的是，乱堆乱放的生活垃圾对土地和水源的污染，对国家的粮食安全和水安全构成了实质性的威胁。生活垃圾的随意丢弃破坏了地表环境，其含有的有害物质渗入土壤，难以消纳，甚至影响到地下水源。一些垃圾堆放区附近的村庄，癌症发病率显著增加。例如，位于广东虎门镇的远丰村，由于距离虎门镇垃圾填埋场不足1千米，全村的癌症发病率高出全国标准的近3倍。农村生活垃圾的不妥善处理已成为制约农村社会发展的重大障碍。早在20世纪90年代，便有学者测算，乡村环境的污染给当地带来的损失，仅可区分部分占当年污染损失量比重接近2/3。随着农业农村现代化进程的推进，农村生活垃圾污染问题仍在加剧，导致部分农村居住条件恶化，不再适宜居住。

　　针对农村生活垃圾污染的严重性，我国政府已采取了一系列的措施。自21世纪初，浙江省启动了"千万工程"①，随后全国范围内推进了社会主义新农村建设和"美丽乡村"建设②。我国政府多次召开农村人居环境工作会议，

---

① 宋波.绿水青山孕育美丽蝶变：浙江省安吉县美丽乡村标准化建设历程[M].杭州：浙江工商大学出版社，2021：187.

② 赵斌，俞梅芳.江浙地区艺术介入乡村振兴路径选择与对策研究[M].北京：中国纺织出版社，2021：24.

重点部署农村环境改善工作，将农村生活垃圾治理纳入农村人居生活改善的重要内容。

农村生活垃圾的处理需求巨大，不仅需要投入大量的人力、物力和财力，还需要社会各方的共同努力和长期的战略规划。只有通过综合措施，加强农村生活垃圾的分类、收集、处理和处置，才能有效改善农村环境，提升农村居民的生活质量，为农村社会的持续发展提供有力的支持。加强农民的环保教育和公共卫生知识的宣传，提高农民的环保意识，也是解决农村生活垃圾问题，促进农村社会发展的重要途径。通过政府的引导和社会的共同努力，农村生活垃圾的治理将得到持续改进，为农村社会的健康、和谐和可持续发展奠定坚实的基础。

自 2018 年至 2020 年，全国农村人居环境整治三年行动广泛展开，实施"村收集、镇转运、县处理"的农村生活垃圾处理模式[①]，极大地拓宽了农村生活垃圾治理的覆盖面，提高了治理质量。据统计，截至 2019 年底，农村生活垃圾治理效果显著，全国农村生活垃圾收运处置体系已覆盖约 84% 的建制村，近 2/3 的省份农村生活垃圾治理率已超过 90%。在 2020 年，我国乡、建制镇生活垃圾处理率分别为 78.60%、89.18%；无害化处理率分别为 48.46%、69.55%。从词义解析角度，"垃圾"指的是失去使用价值的废弃物品，形态上主要包括固体和流体。垃圾产生于人类的生产和生活各个环节。依据中国住房和城乡建设部《城市生活垃圾分类标志》标准（GB/T19095—2019）的定义[②]，生活垃圾主要包括生活过程中产生的纸类、塑料、金属、玻璃、织物、灯管、家用化学品（含各类药品等）、电池、家庭厨余垃圾以及其他各类废弃物。在生产环节，垃圾的分类通常依据不同行业的特性，主要包括建筑业的建筑垃圾、制造业生产过程中的各种废料及废水等。通过实施上述的农村生活垃圾治理模式，不仅提高了农村生活垃圾的处置效率，还促进了农村环境的改善，为推进农村振兴战略、提升农村居民的生活质量、构建美丽农村提供了重要支撑。逐步完善的农村生活垃圾治理体系，展现了国

① 孙树志．居有其所：美丽农村建设 [M]．北京：中国民主法制出版社，2016：26.
② 李伟．农村社区低碳试点建设技术导则 [M]．北京：中国环境出版社，2017：102.

家在环境保护和资源循环利用方面的决心和责任，为构建生态文明体系、推进绿色发展打下了坚实的基础。

第一节　治理农村生活垃圾的迫切性

一、社会发展的需要

农村生活垃圾关系到农村的生产、生活、生态，而从我国推进农村全面振兴的角度来看，农村生活垃圾治理虽然是小切口治理问题，但也能牵引起农村全面振兴的系统性工程。

（一）生态环境的保护与提升

良好的生态环境被视为最普惠的民生福祉，而环境质量直接关系到村民的生活质量和健康。农村生活垃圾的无序堆放不仅影响了村庄的村容村貌，更有可能对土壤、水源及空气造成污染，进一步影响农村的生态系统和生物多样性。在现实层面，农村生活垃圾的量和成分正在经历显著变化，逐渐呈现出与城市相似的特征。这种变化的背后，反映了农村居民生活方式和消费模式的转变。随着农村的经济发展和居民生活水平的提高，生活垃圾的产生量不断增加，成分也变得更为复杂。农村生活垃圾治理不仅仅是环境保护的需要，更是应对农村社会经济转型的现实要求。在这个过程中，推行垃圾分类、加强垃圾回收和处理，以及推广减塑等环保行为，成为提高农村生活垃圾治理质量的重要措施。这些措施，可以减少不可降解垃圾的产生，倒逼农村居民改变传统的生活方式，形成更为环保、健康和可持续的生活模式。

（二）农业产业转型升级

农业产业转型升级是农村全面振兴和可持续发展的重要方向，而农村生活垃圾的妥善治理与农业产业的转型升级之间存在密切的联系。农村生活垃圾治理不仅关乎环境卫生和生态保护，更涉及农业产业结构的优化和农村经济的多元发展。

农村生活垃圾中的厨余垃圾、农作物残渣等有机物质是优质的有机肥料资源。通过对这些有机垃圾的堆肥处理，可以实现资源的循环利用，将其还田，进而降低化肥和农药的依赖和使用量。这种方式能够有效改善土壤结构，增加土壤有机质，提高土壤的肥力和微生物活性，为农业的绿色转型提供有力支持。减少化肥和农药的使用，能够减少农业生产过程中对环境的污染，有助于实现农业生产的可持续发展。

绿色农产品是消费者健康生活的重要保障。通过农村生活垃圾的妥善治理，农民可以获得安全、无污染的有机肥料，用于绿色农产品的生产。这样不仅能够满足市场对绿色农产品的高需求，提高农民的收入，也有助于调整农村的产业结构，推动农业产业的转型升级。

农村生活垃圾的妥善治理也是农村环境整治和农村旅游发展的重要基础。对垃圾进行分类、收集、处理和资源化利用，能够有效改善农村的卫生环境，提升农村的村容村貌。优美的农村环境不仅能够吸引城市居民前来休闲旅游，推动农村旅游和庭院经济的发展，也能为农村的第三产业发展提供良好的外部条件。

（三）乡风文明的提升

农村的文明程度直接影响着村庄的整体形象和村民的生活质量，而垃圾的正确处理则是文明程度的重要体现。通过加强对村民的环保教育，可以提高村民对生活垃圾治理的认识和参与度，从而推动乡风文明的提升。

在农村生活垃圾治理的过程中，教育和宣传是关键环节。加强环保知识的宣传和教育，可以引导村民树立正确的垃圾处理观念，养成良好的垃圾分类和处理习惯。随着村民环保意识的增强，随意丢弃垃圾的行为将得到有效遏制，农村的环境卫生状况将得到明显改善。垃圾分类和回收等措施的实施，也将促使村民更加珍惜资源，形成节约、环保的生活方式。

环境的清洁与整洁对人的行为和思想具有潜移默化的影响。在干净整洁的环境中生活，村民会自觉地遵守公共卫生规则，形成良好的社区习惯。随着时间的推移，这些良好的习惯将逐渐成为乡风文明的重要组成部分，为农村社区的和谐发展提供有利条件。农村生活垃圾治理的推进，也将促进村民之间的相互协作和帮助，建立起积极向上、和谐友善的社区关系。

垃圾治理可以推动农村社区的文明程度不断提升，为农村的全面发展创造有利条件。综上所述，农村生活垃圾治理是推动乡风文明提升、促进农村社会持续健康发展的重要途径，其迫切性不容忽视。

（四）基层治理能力的强化

农村生活垃圾治理是基层治理能力强化的重要体现，它凸显了村庄事务性治理的核心要素，并在实施过程中促使村干部与村民紧密合作。通过共同参与垃圾治理项目，村民与村干部之间的合作关系得到加强，形成了一些具有标志性的治理机制，如道德积分制的实施。这种制度不仅是有效的治理手段，更是激发农民参与美丽农村建设、培养崇德向善内生动力的有力工具。

农村生活垃圾治理过程中的村民教育和参与，是推动基层治理能力提升的重要途径。垃圾治理项目的实施，可以加强村民的环保意识和责任心，同时促使村干部增强对环境问题的认识和处理能力。村干部与村民的合作关系也可以得到改善，形成良好的干群关系，这对于基层治理能力的强化具有积极意义。

（五）加快富裕进程

农村生活垃圾治理对于加快农村地区富裕进程具有明显的推动作用。良好的村庄环境是吸引外来游客和投资的重要条件，尤其在缺乏其他特殊资源的情况下，环境的清洁与美化成为农村地区增加收入、提升生活质量的关键因素。农村生活垃圾的有效治理能显著改善村庄的环境卫生条件，进而提高村庄的吸引力，吸引更多的游客和投资者关注和参与农村地区的发展。

生态农业和休闲旅游是农村地区发展的重要方向，也是带动农民增收的有效途径。对农村生活垃圾的有效治理，可以为生态农业和休闲旅游的发展创造有利的外部环境。例如，厨余垃圾的合理利用可以为农业生产提供有机肥料，减少化肥和农药的使用，推动农业生产向绿色、生态、有机的方向发展。清洁整洁的农村环境对于发展休闲旅游、民宿等产业具有积极的推动作用，能够吸引更多的游客前来体验农村的自然和人文风光，为当地带来更多的消费和投资，从而带动农民增收，加快生活富裕的进程。

农村生活垃圾治理还可以激发和培育新的产业和就业机会。例如，发展垃圾分类、回收和处理等产业，不仅可以有效解决农村生活垃圾的问题，也能为当地居民提供新的就业机会，增加收入来源。农村生活垃圾治理项目的实施，可以培育和引导村民增强环保意识，形成良好的环境保护习惯和生活方式，为实现农村的可持续发展奠定基础。

二、环境保护的需要

农村生活垃圾治理是连接农村生活、生产、生态的重要媒介，从必要性和可行性上，是推动"美丽乡村"建设的重要抓手。由农村生活垃圾治理带动"美丽乡村"建设，进而推动"美丽中国"进程，凸显了农村生活垃圾治理在我国生态文明建设中的基础性作用。如图 3-1 所示。

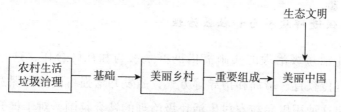

图 3-1　农村垃圾治理的基础性作用

（一）农村生态保护的根基

农村生活垃圾治理在维护农村生态保护方面的重要性不容忽视。农村生态环境的稳定和持续性直接影响了农民的生活质量和农业生产的持续性。生活垃圾的合理处理和利用，有助于减轻土地负担，保护水资源，减少空气污染，从而为实现农村生态的可持续发展提供必要条件。农村生态的保护和提升，不仅是实现"美丽乡村"和"美丽中国"目标的基础，也是推动乡村全面振兴和农民生活质量提升的重要保障。农村生活垃圾治理对于保护农村的自然生态具有直接和积极的作用，合理的治理措施可以为农村生态的恢复和提升提供有力的支持，从而为农村的可持续发展和社会经济的全面振兴提供坚实基础。

（二）促进循环经济和绿色发展

农村生活垃圾中的有机物质和可回收资源的合理利用，揭示了循环经济与绿色发展的重要性。垃圾的适当处理，如厨余垃圾的堆肥还田及废旧物资的回收利用，能够为农村的循环经济发展提供实际路径，推动农业生产向绿色转型。这种转型减轻了对化肥和农药的依赖，降低了农业生产成本，提高了农产品的质量和价值，为农村社会经济的可持续发展注入活力。这也有助于改善农村生态环境，提高农村生态系统的稳定性和抵抗力，构建一个环境友好、资源节约的农村发展模式，为农村社会经济的长远发展奠定坚实基础，也为实现"美丽乡村"和"美丽中国"目标提供了有力支撑。这种循环经济和绿色发展的模式，显示了农村生活垃圾治理在促进农村可持续发展和生态文明建设中的重要价值和意义。

（三）促进群众参与和社区治理

农村生活垃圾治理的实施需借助群众参与和社区合作，这一过程能够通过环保宣传教育、培训和指导等方式，激发并增强村民的环保意识和参与意愿。构建这种积极参与农村生活垃圾治理的社会氛围，对于提升治理效率和效果具有积极的推动作用。这种参与和合作也有助于提升农村社区治理能力，促进乡风文明的建设，为农村社会的和谐、稳定和发展提供有益的社会支持并奠定文化基础。通过群众的广泛参与和社区的合力，农村生活垃圾治理不仅能够实现环境目标，更能在过程中培养和激发群众的责任意识和社区的治理能力，为农村的全面发展注入持续的动力。

（四）推动农村旅游和休闲产业的发展

农村生活垃圾的有效治理直接影响农村的环境卫生与美观度，为农村旅游与休闲产业的发展奠定基础。农村旅游依赖良好的自然环境和传统文化的展现，而农村生活垃圾治理项目的实施，能够有效改善农村的环境，提升农村的旅游吸引力和文化价值。借助农村生活垃圾治理项目，农村旅游和休闲产业得以拓展和深化，有利于实现农村经济的多元化和可持续发展。农村生活垃圾治理可以为农村旅游和休闲产业提供有力的外部条件，通过改善农村环境，可以增强农村旅游的吸引力，为农村经济注入新的活力，进而推动农村社会经济的全面发展。

三、资源化利用的需要

农村生活垃圾治理在城乡关系重塑及城乡双循环建设中具有关键作用。通过合理的垃圾治理，能够实现垃圾的资源化利用，为农村和城市的可持续发展提供支持。

（一）促进有机农业发展

有机垃圾的资源化处理是实现农村有机农业发展的重要手段。将生活垃圾，如厨余垃圾，经过堆肥处理，转化为有益于植物生长的有机肥料，能为农村的有机农业提供有力的支撑。这种资源化处理和循环利用模式，可以为农村土地提供丰富的有机质，有助于改善土壤结构，提高土壤的肥力和微生物活性，从而为农村有机农业的持续发展奠定坚实的基础。

在传统农业生产中，化肥和农药的过度使用是导致土壤退化和环境污染的主要因素。而有机垃圾的资源化处理和循环利用，不仅能够减少对化肥和农药的依赖，还能够减轻农业生产对环境的负担，为农村生态环境的保护和改善做出积极的贡献。与传统农产品相比，有机农产品因其无农药残留和更高的营养价值而受到消费者的青睐。有机农业的发展不仅能够满足市场对高质量农产品的需求，还能够为农民带来更高的经济收益，从而提高农村的整体经济水平。

有机垃圾的资源化处理和循环利用模式，也为农村社区提供了一个良好的示范效应。它展示了循环经济和绿色发展的实际效益，为农村社区的生态文明建设提供了可学习、可复制的经验。通过推广这种模式，能够引导农村社区形成节约资源、保护环境的良好社会风尚，为农村社会的和谐稳定和可持续发展提供有力的支撑。

（二）城乡互利模式

通过农村生活垃圾的资源化利用，将有机垃圾转化为有益的农业资源，农村为城市市民提供安全的有机食品成为可能。这种城乡间的互利模式形成了一种独特的循环经济链条，有助于实现城乡资源的有效循环，也为城乡经济的共同发展奠定了基础。在这种模式下，城市与农村之间形成了一种新的合作关系：农村通过有效的生活垃圾治理为城市提供安全、健康的有机食品；而城市则为农村提供必要的技术、资金和市场支持，为农村的有机农业发展提供了重要的推动力。这种模式不仅推动了农村有机农业的发展，提升了农产品的质量和价值，也增加了农民的收入，改善了农村的经济发展环境。城市市民通过购买农村的有机食品，享受到了更为健康、安全的食品，也为农村的经济发展做出了贡献，实现了城乡之间的互利共赢。

农村生活垃圾的资源化利用是推动城乡互利模式的重要手段，它不仅解决了农村生活垃圾处理的问题，也为农村的有机农业发展提供了资源支持。推动农村生活垃圾的资源化利用，可以促进城乡资源的有效循环，为实现农村和城市的可持续发展提供有益的支撑。

（三）推动双循环建设

农村生活垃圾的资源化利用是推动农村、城市双循环建设的重要突破口，它不仅有助于解决农村生活垃圾处理的问题，也为农村与城市间的资源循环体系的构建提供了实践基础。资源化利用通过将农村的有机垃圾转化为农业肥料，再通过农产品销售将这些资源输送到城市，形成了农村与城市间的资源循环链条。这种资源循环模式能够促进城乡间的资源共享和互利合作，提高资源利用效率，降低环境污染。农村通过资源化利用，减小了生活垃圾对环境的压力，提高了农业生产的效率和质量；而城市则通过购买农村的农产品，实现了资源的有效利用和循环，为城市的可持续发展提供了支持。这种双循环模式有助于实现城乡间的资源、经济和环境的协同发展，推动了农村和城市的共同进步。

推动双循环建设不仅符合国家的经济发展战略，也符合农村和城市的发展需求。它为解决城乡发展的不平衡、不充分问题提供了新的思路和方案，为实现农村和城市的可持续发展提供了有益的探索和实践。资源化利用和双循环建设的推动将有助于实现我国的绿色发展目标，构建现代化经济体系，促进农村振兴和城乡协调发展。推动双循环建设的实践不仅能为农村和城市的发展提供新的机遇，也能为国家的绿色发展战略提供重要的支撑。

（四）实现循环经济

农村生活垃圾中包含大量的有机物质和可回收物质，如不经处理直接排放，将会造成资源的浪费和环境的污染。对农村生活垃圾进行资源化处理，如有机垃圾的堆肥和可回收物质的回收利用，不仅可以将垃圾转化为有价值的资源，还可以为循环经济的实现提供有力支持。资源化处理能够大幅降低垃圾处理的成本。传统的垃圾处理方式，如填埋和焚烧，不但处理成本高，而且对环境造成很大压力。而资源化处理则通过技术手段将垃圾转化为有价值的资源，如有机肥和可回收材料，从而降低垃圾处理的成本，提高资源利用效率。

资源化利用为农村和城市的循环经济提供有力支持，促进了资源在农村和城市间的有效循环。例如，农村生活垃圾中的有机垃圾可以通过堆肥处理成为农业肥料，进而应用于农业生产，提高农产品的产量和质量；而可回收物质的回收利用则可为城市的循环经济提供有益的支持，通过提高可回收物质的回收率，降低新材料的需求和生产成本，为城市的绿色发展提供有利条件。

构建一个农村与城市间的资源循环体系，形成一个闭合的循环经济链条。这不仅有助于实现资源的高效利用和节约，也为农村和城市的可持续发展提供了有力的支持。在循环经济的推动下，农村和城市的经济发展将更加绿色、高效和可持续，为实现国家的绿色发展目标和构建现代化经济体系奠定重要的实践基础并提供经验借鉴。推动农村生活垃圾的资源化利用和循环经济的实现，将有助于构建一个资源节约型、环境友好型的社会，实现经济社会和环境的协调发展。

（五）加强城乡联动

资源化利用的推行成为城乡联动发展的新机遇，通过有效地处理和利用农村生活垃圾，城市与乡村之间的资源交换和流通得以加强。这种新的发展模式有助于打破传统城乡发展的割裂，实现城乡间的互利共赢。资源化利用如将农村的有机垃圾转化为肥料，为农村的农业生产提供支持，也为城市的居民提供安全、健康的农产品，形成了一个良性的城乡互动模式。城乡的发展不再是相互孤立、割裂的，而是形成了一种相互依存、相互支持的关系。农村生活垃圾的资源化利用成为连接城乡的纽带，通过资源的循环利用，能实现城乡间的资源共享和经济互动。城市能够从农村获得有机食品和绿色产品，农村能够通过向城市提供农产品和其他资源，实现自身的经济增值和发展。这样的联动，促进了城乡间的经济交流和文化交融，为构建和谐的城乡关系、推动城乡协调发展提供了有力支撑。

资源化利用还为农村提供了新的发展机遇，通过农村生活垃圾的处理和利用，不仅能改善农村的环境条件，也能为农村的经济发展打开新的渠道。城市也从中受益，通过与农村的资源交换和经济合作，城市的居民能够享受到更多的绿色、健康产品，也能为城市的可持续发展提供有益的支持。

第二节 治理农村生活垃圾的途径

一、城乡环卫一体化

城乡环卫一体化是现代农村环境保护和卫生管理的重要途径，它的实施可以有效解决农村的生活垃圾处理问题，为农村的可持续发展提供支持。

（一）依据

城乡环卫一体化作为现代环境保护和卫生管理的重要途径，其理论依据主要植根于循环经济和可持续发展的基本理论框架。循环经济强调在生产和消费过程中资源的高效利用和再利用，从而实现经济、社会和环境效益的多赢，而可持续发展则着眼于在满足当前需求的同时保护未来代际的需求满足，保障生态系统的长期稳定和人类社会的可持续发展。城乡环卫一体化的实施正是对这两大理论的具体运用和实践，通过对农村生活垃圾的系统管理和资源化利用，可以促进农村环境的改善和生态文明建设，推动农村社区的可持续发展。

城乡环卫一体化也是国家和地方政府推动乡村振兴、改善农民生活和促进城乡协调发展战略的具体体现。在新时代背景下，乡村振兴战略旨在通过推动农业农村现代化，促进城乡区域协调发展，改善农民生活条件，实现农民共同富裕。城乡环卫一体化的推动不但能够解决农村生活垃圾处理的基本问题，改善农村的环境卫生条件，而且能够通过促进农村和城市之间的资源共享和循环利用，为农村的经济社会发展和城乡协调发展提供有力的支撑。例如，通过城乡环卫一体化，可以实现农村生活垃圾的有效收集、分类和处理，促进农村的环境资源保护和循环经济发展，提高农村的整体发展水平和生活质量。

城乡环卫一体化的实施为农村和城市之间建立了一种新型的合作关系

和互动模式，通过资源共享、技术交流和经验互鉴，可以为推动国家的生态文明建设和实现全面可持续发展提供新的思路和实践基础。实施城乡环卫一体化，不仅是推动乡村振兴和城乡协调发展的重要途径，也是实现国家生态文明建设和可持续发展战略的重要措施，具有十分重要的理论意义和实践价值。

（二）方法和措施

1. 制定统一的城乡环卫管理规划和标准

制定统一的管理规划和标准，可以确保城乡环卫服务和垃圾处理工作在同一套规范和标准下进行，从而实现城乡环卫工作的标准化和规范化管理。统一的规划和标准不仅可以消除城乡环卫管理中的差异和隔阂，也能够为城乡环卫一体化提供明确的方向和目标。具体来说，可以从环卫设施的布局、垃圾收集和处理的标准、环卫服务的质量标准等方面入手，确立统一的管理要求和操作规程，使得城乡环卫工作能够在同一套标准和体系下高效、有序地进行。

2. 构建城乡环卫一体化的组织和运营机制

构建完善的组织和运营机制，可以确保城乡环卫一体化工作的顺利推进和有效实施。具体措施包括建立专门的环卫管理机构，将城乡环卫工作纳入统一的组织和管理体系，形成完善的工作机制和责任体系。加强环卫人员的培训和指导，提高环卫人员的业务能力和服务水平，为城乡环卫一体化提供人力资源保障。通过制定明确的工作流程和操作规程，能够确保环卫人员按照统一的标准和要求进行工作，从而提高城乡环卫一体化工作的效率和效果。

3. 利用现代信息技术

现代信息技术，如 GIS 系统和大数据分析，在城乡环卫一体化中发挥着重要作用。通过应用现代信息技术，可以优化城乡环卫服务的布局和运营，提高环卫服务的效率和效果。例如，利用 GIS 系统可以实现环卫设施和资源的精准布局，确保环卫服务能够覆盖城乡各区域，满足不同区域的环卫需求。通过大数据分析，可以实时监测和评估城乡环卫服务的运营情况，为环卫管理决策提供数据支持。通过数据分析，可以发现和解决城乡环卫管理中的问题，不断优化环卫服务的运营，提高城乡环卫服务的质量和效率，为实现城乡环卫一体化提供技术支持和数据保障。

（三）效果

1. 农村的生活垃圾得到了有效处理，农村环境得到了显著改善

这种环境质量的提升不仅仅体现在视觉上，更是对农村生态系统健康的重要保障。对生活垃圾的规范处理，降低了垃圾对土地、水源和空气的污染，为农村的可持续发展创造了有利条件。改善的农村环境也为农村振兴战略的实施提供了实实在在的支持。农村环境的改善吸引了更多的人才和资源向农村倾斜，也让农村的传统产业和新兴产业得到了发展，从而为农村的长期发展奠定了坚实的基础。城乡环卫一体化不仅仅是对农村环境的保护，更是对农村可持续发展理念的推广和实践。

2. 城农环卫一体化进一步促进了城农间的资源共享和互利合作

通过统一的环卫服务标准和规范，城农间的环卫资源得到了合理的配置和利用，实现了资源的高效利用。城农环卫一体化也为城农间的其他类型的合作和交流提供了新的平台和机遇，为构建和谐的城农关系、推动城农协调发展提供了新的实践经验和参考。城农之间的隔阂得到了一定程度的缓解，资源共享和互利合作的理念得到了广泛的接受和认可，为推动全社会的可持续发展提供了新的思路和方向。

3. 提升农村的治理能力和整体发展水平

城农环卫一体化对农村社区建设和社区治理提供了新的视角并奠定了实践基础。在此框架下，农村社区能够借鉴城市的环卫管理经验，引进先进的环卫设施和技术，从而提升农村的环境卫生水平。这种改善不仅仅表现在日常的清洁卫生工作上，更在于能够通过系统化、规范化的环卫管理，提高农

村社区对环境问题的应对能力，为农村社区的持续健康发展奠定基础。

农村的社区治理能力得到提升是城农环卫一体化显而易见的效果之一。环卫一体化推动了农村社区治理结构的优化，通过引进城市的环卫管理经验和制度，有助于农村社区形成更为完善的治理机制。这种机制不仅能够提升农村社区的环境卫生水平，还能够在较大程度上改善农村社区的公共服务水平和社区治理效率，为农村社区的长远发展提供了有力的保障。

整体发展水平的提升是城农环卫一体化对农村社区的另一重要贡献。环卫一体化的推行，为农村社区的基础设施建设、公共服务提供和社区治理等方面提供了新的发展机遇。通过环卫一体化，农村社区能够在保障环境卫生的前提下推动农村的经济发展和社区建设，促进农村社区的整体发展水平得到显著提升。在这个过程中，农村社区的居民能够享受到更加优质、完善的公共服务，农村社区的生活质量和社区凝聚力得到进一步加强，为农村社区的持续、健康发展创造了良好的条件。

二、农业生产现代化

（一）依据

环境保护需求与农村生活垃圾的管理息息相关。随着社会经济的发展和人民生活水平的提高，人们开始更加重视环境保护，农村地区作为国家和社区的重要组成部分，其生活垃圾的有效管理成为实现环境保护目标的重要手段。农村生活垃圾的正确处理能够有效减少环境污染，保护生态系统，为农村地区的绿色、可持续发展提供有力支持。通过减少垃圾产生和正确处理垃圾，不但能保护农村的自然环境，而且能为农业生产提供有利的条件。例如，有机垃圾的堆肥化可以为农作物提供有机肥料。

农业生产的现代化是推进农村生活垃圾管理的重要途径之一。农业现代化不仅是提高农业生产效率和质量的过程，还包括了农业生产过程中资源的高效利用和废弃物的有效处理。采用现代化的技术和管理方式，可以实现农村生活垃圾的有效治理，将农村生活垃圾转化为有价值的资源，如将有机垃圾转化为肥料和能源，将无害化处理的垃圾用于土地改良等。这样不仅能够实现农村生活垃圾的高效处理，还能够推动农业生产的可持续发展。

农业生产的现代化与农村生活垃圾的管理是相辅相成的。通过农业现代化，可以推动农村生活垃圾的分类、回收和处理；通过农村生活垃圾的有效管理，又能为农业生产提供有益的支持和资源。例如，通过农村生活垃圾的分类和回收，可以为农业生产提供肥料和能源，进一步推动农业生产的现代化和可持续发展。此外，通过农村生活垃圾的有效管理，还可以提高农民的环保意识和参与度，为农业现代化提供有力的社会基础。

（二）方法和措施

1. 技术创新

技术创新是推动农村生活垃圾管理现代化的重要手段。通过应用现代科技，可以将农村生活垃圾转化为有用的资源，从而实现垃圾的减量化、资源化和无害化。例如，生物技术可以通过微生物的作用，将有机垃圾转化为生物肥料和生物气，这不仅能够为农业生产提供有益的资源，还能够减少垃圾的危害。循环经济技术也是实现农村生活垃圾管理的有效手段，它可以通过垃圾的分类、回收和再利用，实现垃圾的高效处理和资源的回收利用。通过垃圾分类和回收技术，可以将有机垃圾和无机垃圾分开处理，实现各类垃圾的高效利用。例如，有机垃圾可以通过堆肥化和发酵，转化为肥料和能源，无机垃圾可以通过回收和再利用，减少资源的浪费和环境的污染。技术创新不仅能够提高农村生活垃圾的处理效率，还能够为农业生产和农村社区的可持续发展提供有力支持。

2. 政策支持

政策支持是实现农村生活垃圾管理现代化的重要保障。制定和实施有利于农村生活垃圾管理的政策和法律法规，可以为农村生活垃圾的处理和回收提供良好的制度环境。政府可以通过资金支持和技术指导，推动农村社区积极参与垃圾处理和资源回收。例如，政府可以提供资金支持，建设农村生活垃圾处理和回收设施，提高农村生活垃圾的处理能力。政府还可以提供技术指导和培训，提高农民的垃圾处理和资源回收的技能，促进农村社区的环保意识和参与度。通过政策支持，可以形成政府、社区和企业共同参与农村生活垃圾管理的良好机制，为农村生活垃圾的有效处理和资源回收提供有力保障。

3. 社区参与

社区参与是实现农村生活垃圾管理现代化的重要基础。通过教育和宣传，可以提高农民对生活垃圾处理和资源回收的意识和技能，鼓励社区积极参与垃圾管理，形成良好的社区环境保护氛围。例如，举办环保知识讲座和技能培训，可以提高农民的环保意识和垃圾处理技能；建立社区环保组织和志愿者团队，可以促进社区的环保参与和实践。社区的参与不仅能够提高农村生活垃圾的处理效率，还能够形成良好的社区环保氛围，为农村生活垃圾的长期、可持续管理提供有力支持。

4. 基础设施建设

基础设施建设是实现农村生活垃圾管理现代化的重要条件。建设现代化的农村生活垃圾处理和回收设施，可以提高农村生活垃圾的处理效率和质量。例如，建设垃圾分类、收集、运输和处理设施，可以实现农村生活垃圾的高效处理和资源回收；采用和建设现代化的垃圾处理技术和设施，可以实现垃圾的无害化、减量化和资源化处理，为农村社区的环保和可持续发展提供有力支持。基础设施的建设不仅能够提高农村生活垃圾的处理能力，还能够为农民提供便利的垃圾处理服务，促进农村社区的环保参与和实践。

（三）效果

1. 环境质量提升

现代化的农村生活垃圾管理对于提升农村的环境质量起着至关重要的作用。实施垃圾分类、回收和处理等措施，可以有效减少垃圾和污染物的排放，防止垃圾污染土地、水源和空气，改善农村的环境。一方面，垃圾的分类和回收可以减少垃圾的产生和污染物的排放，防止垃圾成为环境的负担。另一方面，现代化的垃圾处理技术和设施可以实现垃圾的无害化、减量化和资源化处理，减少垃圾对环境的影响。现代化的垃圾管理还可以提高农村地区对环境保护的意识和能力，形成良好的环保氛围，为农村的绿色、可持续发展提供有力支持。现代化的农村生活垃圾管理，不仅可以提高农村的环境质量，还可以为农村社区的健康和可持续发展提供有力保障。

2. 资源回收率提高

垃圾分类和回收是提高资源回收率的有效手段。垃圾分类可以将有价值的资源从垃圾中分离出来，实现资源的回收和再利用。例如，将有机垃圾和无机垃圾分开处理，可以将有机垃圾转化为肥料和能源，将无机垃圾回收利用，减少资源的浪费。建设现代化的垃圾回收和处理设施，可以提高资源的回收率和利用效率，为农村社区的资源节约和循环利用提供有力支持。资源的高效回收和利用不仅可以减少垃圾的产生和污染物的排放，还可以为农村社区的经济发展提供有益的资源支持。提高资源的回收率和利用效率，可以推动农村社区的绿色、循环、低碳发展，为农村的可持续发展提供有力保障。

3. 农业生产效率和质量提升

农村生活垃圾的有效处理对于提升农业生产效率和质量具有重要意义。将农村生活垃圾转化为有益的肥料和能源，可以为农业生产提供有益的支持。例如，将有机垃圾转化为肥料，可以为农作物提供有机质和营养物质，提高农作物的产量和质量；将有机垃圾发酵产生生物气，可以为农业生产提供清洁、可再生的能源，减少农业生产的能源消耗和环境污染。农村生活垃圾的有效处理，不仅可以为农业生产提供有益的资源支持，还可以推动农业生产的技术创新和管理优化，提高农业生产的效率和质量，为农村社区的经济发展提供有力支持。

4. 社区参与和环保意识提高

社区参与和环保教育是提高农民的环保意识和垃圾处理技能的重要手

段。社区参与和环保教育，可以提高农民的环保意识和垃圾处理技能。例如，举办环保知识讲座和技能培训，可以促进社区的环保参与和实践，形成良好的社区环保氛围。社区的参与和环保意识的提高不仅可以提高农村生活垃圾的处理效率，还可以促进农村社区的可持续发展，为农村的绿色、可持续发展提供有力支持

三、乡村振兴

党的十九大提出实施乡村振兴战略，是以习近平同志为核心的党中央着眼党和国家事业全局，深刻把握现代化建设规律和城乡关系变化特征，顺应亿万农民对美好生活的向往，对"三农"工作作出的重大决策部署，是决胜全面建成小康社会、全面建设社会主义现代化国家的重大历史任务，是新时代做好"三农"工作的总抓手。[①]

从党的十九大到二十大，是"两个一百年"奋斗目标的历史交汇期，既要全面建成小康社会、实现第一个百年奋斗目标，又要乘势而上开启全面建设社会主义现代化国家新征程，向第二个百年奋斗目标进军。

乡村振兴旨在通过提升农村地区的经济、社会和环境发展水平，实现城乡协调发展。农村生活垃圾处理作为乡村振兴战略的重要组成部分，直接影响着农村的环境质量和社区健康。国家通过实施一系列政策和措施，加速推进农村环境卫生政治的精细化，为农村生活垃圾处理提供了有力的制度和政策支持。

国家政策的实施为推动农村生活垃圾处理提供了重要的政策导向和资金支持。通过实施农村生活垃圾管理的相关政策和法律法规，国家为农村生活垃圾处理提供了明确的法律依据和政策指导。国家通过资金投入和技术支持，加速了农村生活垃圾处理设施的建设和技术创新，提高了农村生活垃圾处理的效率和质量。这些政策和措施加速了农村环境卫生政治的精细化进程，为乡村振兴提供了有力的环境保障。

---

① 　章浩，李国梁，刘莹. 新时期乡村治理的路径研究 [M]. 北京：首都经济贸易大学出版社，2021：152.

农村生活垃圾处理的现代化和规范化是实现乡村振兴的重要途径之一。推动农村生活垃圾处理的技术创新和管理优化，可以有效改善农村的环境质量，提高农民的生活水平，促进农村社区的可持续发展。例如，实施垃圾分类和回收政策，可以提高资源的利用效率，为农业生产提供有益的资源支持；建设现代化的农村生活垃圾处理设施，可以实现垃圾的无害化、减量化和资源化处理，为农村社区的健康和可持续发展提供有力保障。

乡村振兴不仅是经济和社会发展的需求，也是实现农村生活垃圾处理现代化的重要途径。通过实施乡村振兴战略，国家为农村生活垃圾处理提供了有力的政策和制度支持，推动了农村环境卫生政治的精细化进程，为农村生活垃圾处理的现代化和规范化提供了有力保障。农村生活垃圾处理的现代化和规范化，也为乡村振兴提供了重要的环境和资源保障，为实现农村的绿色、可持续发展提供了有力支持。

第三节 治理农村生活垃圾的环卫基础设施的规划、建设和管理

一、环卫基础设施的规划

环卫基础设施的规划是农村生活垃圾处理的前期工作，也是确保垃圾处理工作有效进行的基础。规划需要从生活垃圾收集规划、转运规划和处置规划三个方面进行。只有科学、合理地规划，才能确保农村地区环卫基础设施的有效运作，并最终实现生活垃圾的合理管理和环境保护的目标。环卫基础设施的规划如图 3-2 所示。

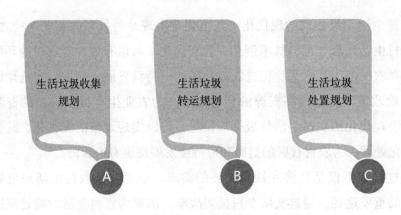

图 3-2　环卫基础设施的规划

（一）生活垃圾收集规划

为了应对农村地区的特定需求，规划应细致考虑农村的地理、经济及社会文化条件。在制定规划时，应充分估算农村地区生活垃圾的产生量和产生周期，从而确定垃圾收集的频率和时间。合理的频率和时间安排能确保垃圾得到及时的收集，避免垃圾在家庭或收集点的积累，降低对环境和公共卫生的风险。

垃圾收集的方法是规划的核心内容之一。根据农村地区的实际情况，可以选择定点收集、定时收集或者门到门收集等不同的收集方法。应考虑采用何种类型的收集设备和工具，如垃圾车、垃圾桶和垃圾袋等，以确保垃圾收集工作的高效和规范进行。科学的布局可以减少垃圾收集和运输的时间和成本，也能避免垃圾处理过程中的二次污染。合理的设施数量能确保收集点的清洁和垃圾的及时处理，为后续的垃圾转运和处理提供便利。

垃圾分类收集的实施对于提高垃圾回收率和减轻垃圾处理的负担具有重要意义。有效的宣传教育和制度设计，可以引导农村居民养成良好的垃圾分类习惯。垃圾分类的成功实施，不仅能提高资源的回收利用率，降低处理成本，还能促进农村地区的环境保护和可持续发展。生活垃圾收集规划为农村环卫基础设施的整体规划奠定了坚实的基础，为农村地区的环境卫生管理提供了有力的支持。

（二）生活垃圾转运规划

生活垃圾的转运是一个涉及多方面因素的复杂过程，需要确保垃圾的安全、高效和低成本转运。规划时应充分考虑农村地区的地理环境和交通条件，确定合理的垃圾转运路线。合适的路线选择能有效缩短垃圾的转运时间，降低转运过程中的能耗和排放，从而减少垃圾处理的总成本。

选择适合农村地区实际情况的转运设备和车辆，可以提高转运效率，降低故障率，也能减少转运过程中的二次污染。例如，选择容量适中、操作简便的转运车辆，能够满足农村地区的转运需求，降低转运成本。在转运过程中应通过合理的路线规划和设备选择，尽量降低转运过程中的交通风险和环境影响。例如，避免在高峰时段进行垃圾转运，选择远离居民区和敏感区域的转运路线，可以降低交通压力和减少噪声污染。应加强对转运过程中可能产生的泄漏、散落和恶臭等环境问题的监控和管理，采取有效措施降低垃圾转运对环境和社区的影响。

（三）处置规划

由于农村地区地理环境、经济条件和技术水平的差异，垃圾处置的需求和可能面临的挑战也各不相同。选择和设计垃圾处置方法是处置规划的核心。常见的垃圾处置方法包括垃圾填埋、焚烧和生物处理等。垃圾填埋是最传统也是最常见的处置方法，但可能会占用大量土地资源并存在潜在的环境污染风险。焚烧能够大幅度减少垃圾的体积，但需要较高的技术支持和严格的环保控制。生物处理如堆肥和垃圾发酵，能够实现垃圾的资源化利用，但处理周期较长。因此，选择和设计合适的处置方法，需要综合考虑农村地区的技术、经济和环保条件。

垃圾处置场所的选址、设计和建设也是处置规划的重要组成部分。合理的选址能够降低垃圾转运的成本和环境影响，也为垃圾处置提供了便利条件。处置场所的设计和建设则需要确保垃圾的安全、无害和高效处置，也要考虑到可能的环境影响和社区接受度。

处置规划的目的不仅是实现垃圾的安全、无害和高效处置，更是在垃圾处理和环境保护之间找到一个最佳的平衡点。科学合理的处置规划可以实现垃圾处理和环境保护的相互促进，为农村地区的环境卫生管理和可持续发展提供有力的支持。

二、环卫基础设施的建设

治理农村生活垃圾的任务是一项系统工程，其中环卫基础设施的建设是实现有效管理的基础。环卫基础设施的建设主要包括垃圾中转站的建设和垃圾处理厂的建设两个方面。这两个方面的建设对于垃圾的集中处理和资源化利用起着重要的作用。

（一）垃圾中转站的建设

垃圾中转站是生活垃圾处理系统中的一个重要环节。它主要负责将分散的垃圾收集整合，然后集中转运到垃圾处理厂进行处理。垃圾中转站的建设应遵循科学、合理和高效的原则。地理位置的选择是关键，它直接影响到垃圾转运的成本和效率。理想的中转站应位于收集区和处理厂之间的适当位置，以减少转运距离和时间，也减小转运过程中的环境影响。

在设计中转站时，应考虑到垃圾的种类、数量和处理需求，以确保中转站的功能和效率。设施配置也是重要的考虑因素，包括垃圾的暂存区、分类区和装载区等，它们应设计得易于操作和维护。环保措施是另一个重要的方面，包括防止垃圾泄露、减少噪声和恶臭等，以降低中转站对周围环境和社区的影响。中转站的运营管理也应得到充分的重视，包括设备的维护、员工的培训和安全保障等，以确保中转站的正常运作和长期可持续性。

（二）垃圾处理厂的建设

垃圾处理厂是生活垃圾处理的核心环节。它不仅负责垃圾的处理和处置，还能实现垃圾的资源化利用。垃圾处理厂的建设应根据农村地区的实际条件和需求来进行。选址是第一步，应选择远离居民区和水源保护区的地方，以降低垃圾处理过程中可能对环境和公共健康的影响。处理技术的选择是关键，常见的处理技术包括填埋、焚烧和生物处理等。

不同的处理技术有着不同的优缺点和适用条件，因此应根据垃圾的种类和数量，以及地区的经济、技术和环保条件来选择合适的处理技术。设施设计和配置应确保处理厂的功能和效率，包括垃圾的接收区、分类区和处置区等。环保措施是垃圾处理厂建设中不可忽视的重要内容，包括废气、废水和固废的处理，以及噪声和恶臭的控制等。处理厂的运营管理也是关键，包括设备的维护、员工的培训和安全保障等，以确保处理厂的正常运作和长期可持续性。

三、环卫设备的配置

在治理农村生活垃圾的环卫基础设施的规划、建设和管理中，环卫设备的配置是实现生活垃圾高效管理的重要一环。适当和高效的环卫设备配置不仅能提高垃圾收集和处理的效率，还能降低整体的运营成本，为农村地区的环境卫生管理提供有力的支持。

（一）环卫收集车辆的配置

配置决策须细致考虑农村地区的特点和需求，以实现垃圾的及时、安全和高效收集。农村地区的道路条件、垃圾产生量和垃圾收集频率成为影响环卫收集车辆配置的主要因素。

农村的道路通常较为狭窄且复杂，可能存在一定程度的坡度和弯道，这对环卫收集车辆的机动性和稳定性提出了较高要求。而垃圾产生量和收集频率直接关联到车辆的载荷量和运营周期，对于车辆类型、数量和规格的选择具有指导意义。不同类型的车辆适应不同的道路条件和垃圾收集需求。例如，对于道路较窄的农村地区，体型较小、机动性较强的环卫收集车辆是适宜的选择，能够灵活穿越狭窄道路，快速完成垃圾的收集和转运任务。而对于垃圾产生量较大的区域，可能需要选择载荷量较大的车辆，以减少往返次数，提高收集效率。垃圾产生量大和收集频率高的地区，需要配置数量充足、载荷量适宜的车辆，以确保垃圾的及时收集和转运。而在垃圾产生量较小、收集频率较低的地区，可以适当减少车辆数量，或选择载荷量较小的车辆，以降低运营成本。

车辆的维护和运营是保证环卫收集车辆长期高效运营的重要环节。包括车辆的日常维护保养、故障检修，以及驾驶员的培训和安全保障在内的一系列管理措施，能够确保车辆的正常运行，减少故障停机时间，提高垃圾收集和转运的效率。对驾驶员进行培训和指导，可以提高驾驶员的驾驶技能和安全意识，降低交通事故的风险，确保垃圾收集和转运过程的安全。

（二）垃圾收集容器的配置

垃圾收集容器配置是决定农村地区环卫效率的基础环节，它涵盖了容器的类型选择、数量配置、布局设计以及维护管理等多个方面，构成了垃圾收集系统的物理基础。容器的类型选择应依据垃圾的种类和产生量。不同种类的垃圾需要不同类型的收集容器，如有害垃圾、厨余垃圾和可回收垃圾等。对于有害垃圾较多的地区，配置专用的有害垃圾收集容器是必要的，以确保有害垃圾的安全收集和隔离，防止对环境和人员的危害。

垃圾收集容器的数量配置与垃圾的产生量和收集频率紧密相关。垃圾产生量大和收集频率高的地区，需要配置数量充足的收集容器，以确保垃圾的及时收集。相应地，数量的配置也应考虑容器的规格和容量，以满足不同地区、不同垃圾种类的收集需求。容器的布局应考虑道路条件、居民区布局以及垃圾产生点的分布等因素，确保容器的易用性和收集的高效性。合理的布局设计能够降低居民投放垃圾的难度，提高垃圾收集的效率，同时为环卫工人提供方便，减少收集的时间并降低成本。

容器的维护和清洁关系到垃圾收集的长期效率和居民的使用满意度。容器的定期清洁、维修和更换是保持容器良好使用状态的必要措施。通过定期的清洁和维修，可以确保容器的清洁卫生，避免产生恶臭和虫害，提高容器的使用寿命。及时的容器更换能够确保收集系统的正常运行，避免因容器损坏或老化导致的垃圾泄露和环境污染。

四、环卫基础设施的管理

治理农村生活垃圾的环卫基础设施的规划、建设和管理是一个系统性、长期性的工作。有效的管理能够确保环卫基础设施的正常运行,提高垃圾处理效率,促进农村地区的环境卫生和可持续发展。

(一)环卫收集车辆管理

环卫收集车辆管理的核心目标是确保垃圾的及时、高效和安全收集与转运。管理体系的构建需围绕日常运营、维护保养、安全监控和人员培训四个主要维度展开。

日常运营管理作为环卫收集车辆管理的基石,主要关注车辆的运行效率和服务质量。规定明确的运营时间和路线,以及实时监控车辆的运行状态和载荷情况,是确保运营效率和安全的重要措施。通过制订科学合理的运营计划和实施严格的运营监控,可以确保车辆按时完成垃圾收集和转运任务,避免因车辆故障或超载等问题影响垃圾处理效率和安全。

维护保养管理是保障环卫收集车辆长期正常运行的关键环节。其包括但不限于车辆的定期检查、故障诊断与维修,以及日常保养清洁等。通过定期的维护保养,可以及时发现和解决车辆存在的问题,避免因车辆故障导致的运营中断,也能延长车辆的使用寿命,降低运营成本。

安全监控是环卫收集车辆管理的重要组成部分,其目的是确保车辆运营的安全,减少运营风险。其包括但不限于实时监控车辆运行状态、载荷情况、驾驶员操作行为等。通过安全监控系统和风险预警机制,可以及时发现并解决安全隐患,降低交通事故和其他安全事故的风险。

人员培训是提高环卫收集车辆运营效率和安全性的基础。通过对驾驶员进行规范的培训,培训内容包括但不限于驾驶技能、安全意识、应急处理能力等,可以提高驾驶员的业务能力和安全意识,为环卫收集车辆的高效、安全运营提供保障。

（二）收集容器的管理

收集容器管理的质量直接影响到垃圾收集的效率和效果。一个高效、科学的收集容器管理体系涵盖多个方面，包括但不限于容器的清洁保养、定期更换、垃圾分类指导和居民宣教。

清洁保养是保障收集容器长期正常使用的基础。定期的清洗、维修和消毒能够保持容器的清洁卫生，降低由于容器污染导致的疾病传播风险。一个良好的清洁保养制度不仅能提高垃圾收集的效率，也能提升居民的使用满意度，进而增强居民的环保意识和居民对垃圾分类的积极性。定期更换和维修是延长收集容器使用寿命、保障其正常功能的重要措施。通过定期的检查，可以及时发现并修复损坏的容器，避免垃圾泄露和环境污染。更换老旧、损坏的容器，是确保垃圾收集系统高效运行的必要条件，也是维护农村地区环境卫生的重要手段。垃圾分类指导和居民宣教是提高垃圾处理效率和推动农村环境卫生改善的长效机制。通过有效的垃圾分类指导，可以引导居民养成良好的垃圾分类习惯，为垃圾的有效收集和处理奠定基础。通过居民宣教，可以增强居民的环保意识，提高其对垃圾分类和收集的参与度，形成良好的社区环保氛围。

（三）垃圾中转站的管理

垃圾中转站管理在农村生活垃圾治理体系中占据要害位置，它连接着垃圾收集与最终处理两大环节。运营管理的核心是确保垃圾的及时、准确转运，这需要精确的时间安排和严格的流程控制，保证垃圾的快速接收、正确分类、安全临时存储和高效装载。设备维护对于中转站的正常运行至关重要，定期的检查、故障的及时维修以及必要的设备保养是保证设备运行状态的基础措施。安全监控是降低事故风险、保障运营安全的重要一环，包括但不限于对站点运营的实时监控和应急响应机制的建立。环境保护则是维护周边环境质量的必要措施，通过垃圾泄露控制、废气废水处理以及噪声和恶臭控制，可以有效降低中转站对周围环境的负面影响，为农村地区的环境质量提供保障。每个环节的管理需制定明确的标准和操作规程，形成可持续、可监控的管理体系，以推动农村生活垃圾治理工作的系统、规范运营。

如滕州市西岗镇垃圾中转站的建设标准值得效仿。西岗镇香舍里压缩式垃圾中转站位于西岗镇香舍里花园社区内，占地面积420平方米，建筑面积120平方米，厂房2间，硬化水泥路面180平方米，投资65万元，服务人口6万人，垃圾处理可满足6个党总支办事处的垃圾压缩中转工作。该垃圾中转站2012年10月20日开工建设，2012年11月30日建成，2013年4月正式投入使用，日处理垃圾量15吨左右。西岗镇柴里压缩式垃圾中转站位于西岗镇柴里中村村南，占地面积1050平方米，建筑面积475.5平方米，设有厂房3间，办公室2间，卫生间1处，投资180万元，2013年6月开工建设，2013年12月建成，2014年4月正式投入使用。目前服务人口7万人，日处理垃圾量20余吨，垃圾处理可满足2个党支办事处和柴里煤矿、蒋庄煤矿等厂矿企业的垃圾压缩中转工作。

（四）垃圾处理厂的管理

垃圾处理厂的管理是农村生活垃圾治理过程中的关键环节，涉及运营管理、设备维护、安全监控和环境保护等多方面。运营管理的目标是确保垃圾的及时、有效处理，通过精细化的流程控制确保垃圾的快速接收、准确分类、科学处理和合规处置。设备维护是保障处理效率和质量的基础，定期的设备检查、故障诊断与维修、及时的保养是保证设备长期稳定运行的必要条件。安全监控是降低运营风险、保障人员和设施安全的重要措施，包括实时监控、应急预案和安全培训等。环境保护则聚焦于降低垃圾处理过程中对环境的负面影响，通过废气、废水处理和噪声、恶臭控制等手段，实现垃圾处理的环境友好、可持续发展。这些管理措施共同构成了一个综合、系统的垃圾处理厂管理体系，为农村生活垃圾治理提供了有力的支撑。

第四节　治理农村生活垃圾常态化管理的措施

一、政策支持

在 2008 年，国家开始正视农村环境问题，显现出对农村环境保护的重视。2008 年 7 月 24 日，国务院举行了首次全国农村环境保护工作电视电话工作会议，这个重要的会议标志着农村环境保护工作被正式提升至中央层面。在会议上，时任国务院副总理李克强强调了加强农村环境保护的重要性，加强农村环境保护旨在改变农村环境保护的落后状况，并解决影响农民健康的环境问题。这也标明了农村环境整治的方向从生产端逐步转向生产与生活两端共同治理，农村生活垃圾治理进入了一个新的标志性阶段。

在此阶段，由于农村内部污染对本地环境造成的危害日益严重，包括农业生产中化肥、农药、农膜和农业生产废弃物的污染，畜禽养殖过程中的畜禽粪便排放污染，以及农村居民生活产生的污染等，国家的相关政策也开始从解决单一领域问题逐步转向综合应对农村环境问题的复杂性和系统性。为此，国家出台了众多的法规、政策和标准。中央财政创立了"中央农村环保专项资金"，这与过去的"撒胡椒面"式治理截然不同，开启了农村环境保护"全面开展"及"连片整治"的新阶段，展现出一个稳步推进的阶段性特征，如表 3-1 和表 3-2 所示。

表 3-1　2008—2013 年标志性政策

主要的环境问题	标志性政策	效力级别
农业生产污染	2008 年《国务院办公厅关于加快推进农作物秸秆综合利用的意见》	国务院规范性文件
	2013 年《关于印发〈2013 年全国自然生态和农村环境保护工作要点〉的通知》	部门工作文件
农村生活污染	2009 年《国务院办公厅转发环境保护部等部门关于实行"以奖促治"加快解决突出的农村环境问题实施方案的通知》	国务院规范性文件
	2009 年《关于印发〈中央农村环境保护专项资金环境综合整治项目管理暂行办法〉的通知》	部门规范性文件
	2009 年《全国农村环境监测工作指导意见》	部门规范性文件
	2009 年《关于印发〈农村改厕管理办法（试行）〉和〈农村改厕技术规范（试行）〉的通知》	部门规范性文件

表 3-2　2013 年以来标志性政策

主要的环境问题	标志性政策	效力级别
农业生产污染	2013 年《畜禽规模养殖污染防治条例》	行政法规
	2014 年《国务院办公厅关于改善农村人居环境的指导意见》	国务院规范性文件
	2015 年《住房城乡建设部　中央农办　中央文明办　发展改革委　财政部　环境保护部　农业部　商务部　全国爱卫办　全国妇联关于全面推进农村垃圾治理的指导意见》	部门工作文件
	2015 年《关于加强农村饮用水水源保护工作的指导意见》	部门工作文件

续 表

主要的环境问题	标志性政策	效力级别
农业生产污染	2016 年《住房城乡建设部等部门关于开展改善农村人居环境示范村创建活动的通知》	部门工作文件
	2017 年《农业部关于印发〈畜禽粪污资源化利用行动方案（2017—2020年）〉的通知》	部门工作文件
	2017 年《农业部办公厅关于推介发布秸秆农用十大模式的通知》	部门工作文件
	2019 年《农业农村部办公厅关于全面做好秸秆综合利用工作的通知》	部门工作文件
	2017 年《国家发展改革委办公厅 农业部办公厅 国家能源局综合司关于开展秸秆气化清洁能源利用工程建设的指导意见》	部门规范性文件
	2017 年修订《农药管理条例》	部门规范性文件
	2017 年《农业部关于印发〈农膜回收行动方案〉的通知》	部门规范性文件
	2017 年《国务院办公厅关于转发国家发展改革委住房城乡建设部〈生活垃圾分类制度实施方案〉的通知》	国务院规范性文件
农村生活污染	2018 年《农村人居环境整治三年行动方案》	党内法规
	2018 年《生态环境部 农业农村部关于印发〈农业农村污染治理攻坚战行动计划〉的通知》	部门工作文件
	2018 年《水利部办公厅关于加大水利对农村人居环境整治支持力度的通知》	部门工作文件
	2018 年《住房城乡建设部 中国农业发展银行关于做好利用抵押补充贷款资金支持农村人居环境整治工作的通知》	部门工作文件

主要的环境问题	标志性政策	效力级别
农村生活污染	2019年《中华全国供销合作总社关于参与农村人居环境整治的行动方案》	部门工作文件
	2019年《住房和城乡建设部关于建立健全农村生活垃圾收集、转运和处置体系的指导意见》	部门规范性文件
	2019年《中共中央办公厅　国务院办公厅转发〈中央农办、农业农村部、国家发展改革委关于深入学习浙江"千村示范、万村整治"工程经验扎实推进农村人居环境整治工作的报告〉》	党内法规
	2019年《中央农村工作领导小组办公室　农业农村部　生态环境部　住房城乡建设部　水利部　科技部　国家发展改革委　财政部银保监会关于推进农村生活潜水治理的指导意见》	党内法规
	2021年《农村人居住环境整治提升五年行动方案（2021—2025年）》	党内法规

在生活垃圾分类实施方案的推出阶段，将农村生活垃圾治理命名为"精准式"农村生活垃圾治理。从治理模式的各个要素来分析，治理标的得到了明确的定位，农村生活垃圾治理被视为农村环境整治的重要组成部分，并独立列出，这显示我国在农村垃圾治理方面的推进力度已得到显著提升。

从治理理念的角度来看，这一阶段的农村生活垃圾治理呈现了人类遵从自然的理念。人类已意识到农村生活垃圾污染排放对自然环境所造成的危害，并将无害化处理手段作为农村生活垃圾末端治理的强制要求，其比重逐步提高，以尽可能减少对自然环境的危害。

从技术的维度来审视，"精准式"的农村生活垃圾治理中，"村收集、镇转运、县处理"的模式得到了迅速的推广。2015年，《住房城乡建设部　中央农办　中央文明办发展改革委　财政部　环境保护部　农业部　商务部　全国爱卫办　全国妇联关于全面推进农村垃圾治理的指导意见》发布，

要求因地制宜地建立"村收集、镇转运、县处理"的模式，以有效治理农业
生产生活垃圾、建筑垃圾和农村工业垃圾等，如图 3-3 所示。在该模式下，
我国的农村垃圾治理尽可能纳入了城市垃圾治理体系，主要采用集中式治理。

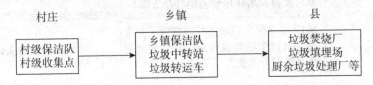

图 3-3　我国农村生活垃圾"村收集、镇转运、县处理"的模式

农村垃圾治理的方案重点放在了垃圾的收集、转运和终端处理三个环
节。政策规定，原则上所有行政村都需建设垃圾集中收集点，并配备生活垃
圾收运车辆。对于敞开式的收集场所和设施，政策推崇逐步改造或停用，同
时支持并鼓励村民自备垃圾收集容器。在乡镇一级，应建有垃圾转运站，以
实现集中共享的理念，相邻乡镇也可共建共享。为提高垃圾转运的效率，推
广使用密闭运输车辆，在条件允许的情况下应配置压缩式运输车，并建立与
垃圾清运体系相配套、可共享的再生资源回收体系。

在终端处理系统设计中，该模式强调优先利用城镇处理设施处理农村生
活垃圾。当城镇现有处理设施容量不足以应对周边农村生活垃圾处理量时，
应及时新建、改建或扩建处理设施。选择符合农村实际和环保要求、成熟可
靠的终端处理工艺，推行卫生化的填埋、焚烧、堆肥或沼气处理等方式，以
实现垃圾无害化处理。禁止露天焚烧垃圾，并逐步取缔简易填埋设施以及小
型焚烧炉等设施。对于边远村庄的垃圾处理，推荐就地减量、处理，不具备
处理条件的应妥善储存、定期外运处理。

农村生活垃圾的终端"无害化"处理方式主要包括卫生填埋、焚烧和高
温堆肥等。数据显示，卫生填埋和焚烧在我国垃圾无害化处理中占据绝对的
主导地位，2020 年两者处理占比为 95.42%。从 2008 年起，卫生填埋占比由
最高的 81.4% 逐年下降到 33.14%，而焚烧自 2010 年后突破式增长，在 2019
年超过了卫生填埋方式，成为我国垃圾终端处理的主要方式。焚烧发电项目
以城乡环卫一体化的治理模式为目标，受到了地方政府的欢迎。20 多个省（自

治区、直辖市），包括天津、黑龙江、山西、江西、宁夏、广西等地，都引进了焚烧发电项目，采取城乡一体化的方式，通过"村收集、镇转运、县处理"的模式进行垃圾治理。然而，包括高温堆肥在内的其他处理方式，在焚烧方式占比逐渐增加的情况下，一直处于较低水平，2020 年占比仅为 4.58%。

二、科技推广

（一）数据监控与分析技术

通过布设传感器和监控设备，能够实时捕捉垃圾收集、转运和处理过程中的各种数据。例如，地理信息系统（GIS）和全球定位系统（GPS）技术能为管理者提供垃圾收运车辆的实时运行状态和位置信息，确保垃圾能够按时被清运至指定处理点。这种实时监控不仅提高了垃圾处理的时效性，还为进一步优化运营策略提供了数据支持。

数据分析是提升农村生活垃圾治理效率的有力工具。通过深度分析收集的数据，管理者可以识别垃圾治理过程中的瓶颈和效率低下的环节。通过分析垃圾收运车辆的运行数据，可以优化车辆的行驶路线和运营时间，提高运输效率；通过分析垃圾处理设施的运行数据，可以调整处理流程，提升处理效率和质量。数据分析还能为垃圾分类和资源回收提供有力的数据支持，如通过数据分析可了解不同类型垃圾的产生量和回收率，从而制定更为精准的资源回收策略。

数据监控与分析技术还能为政策制定和调整提供依据。通过长期的数据监控和分析，能够了解农村生活垃圾治理的效果和问题，为政府和相关部门调整垃圾治理政策和措施提供重要的参考依据。通过公开透明的数据分享，还能增强公众对农村生活垃圾治理工作的了解和信任，促进社会各方对农村生活垃圾常态化管理的支持和参与。

（二）智能分类与识别技术

智能分类与识别技术的运用对农村生活垃圾管理具有深远的意义，它代表了一种利用现代科技提高垃圾分类效率的新途径。通过图像识别技术，机器能够辨识不同种类的垃圾，从而实现自动分类。机器学习和人工智能技术的应用，使得系统能够不断学习和优化，提高分类的准确率和效率。

农村地区人力资源相对匮乏，而智能分类与识别技术的应用恰好能够减轻人力的负担，降低垃圾分类和处理的人力成本。这种技术的应用，为实现垃圾自动分类提供了可能，也为垃圾的后续处理和资源回收节省了大量的时间和成本。例如，一些先进的垃圾分类系统能够自动识别和分离可回收材料，如塑料、纸张和金属，从而为资源回收提供了便利。

随着技术的不断进步，智能分类与识别技术的应用将更为广泛。其准确度和效率的提高，将进一步推动农村生活垃圾管理的现代化进程，为农村地区的环境保护和资源回收提供强有力的技术支持。这也有助于提升农村地区垃圾处理的标准化和规范化，为推动农村生态文明建设提供技术保障。通过实现垃圾的高效分类和识别，不仅能够提升农村地区垃圾处理的效率，还能为推动循环经济的发展和实现农村地区的可持续发展提供支持。从长远来看，智能分类与识别技术的推广和应用，将为农村生活垃圾管理带来革命性的变革，为实现农村地区的环境可持续发展奠定坚实的基础。

（三）信息化管理平台

信息化管理平台的构建为农村生活垃圾治理提供了重要的技术支撑，它的存在使得垃圾治理的各个环节能够实现数字化和智能化的管理。通过该平台，各级管理者能够实时掌握垃圾收集、转运和处理的状态，将大量数据进行集中管理和分析，从而为决策提供科学、准确的依据。该平台的运用，无疑提升了垃圾治理工作的效率和水准。

信息化管理平台具备强大的数据分析功能，能够对收集到的大量数据进行深度挖掘和分析，为垃圾治理的优化提供方向。例如，通过对历史数据的分析，可以预测垃圾产生的周期性和规律，为垃圾收集和处理的时间安排提供参考。通过对不同区域、不同时间的垃圾量数据进行对比分析，可以发现垃圾产生和处理的问题，从而为垃圾治理的改进提供依据。

　　信息化管理平台的另一重要功能是提高公众参与度。通过线上平台，可以方便快捷地向公众传递垃圾分类和治理的知识，提高公众的环保意识。平台也为公众提供了一个反馈意见和建议的渠道，使得公众能够参与到垃圾治理的决策和执行过程中，增强了社区参与和社会共治的效果。通过收集公众的意见和建议，管理者能够更好地了解公众的需求和期望，为垃圾治理的持续改进提供有价值的信息。

　　通过对垃圾治理的实时监控和长期分析，信息化管理平台可以为政策制定提供实证支持，为监督和评估政策执行效果提供数据依据。这种实时、动态的监控和分析，使得垃圾治理能够在一个可控和可评估的环境下进行，为农村生活垃圾治理的长远发展提供重要的技术保障。

（四）终端处理技术创新

　　科技创新为开发和推广新的终端处理技术提供了可能，诸如生物质能利用技术、高效焚烧技术和先进的废物资源化技术。这些新技术对于有效处理农村生活垃圾，减轻环境压力具有明显效果；还为资源回收和能源再利用打开了新的可能，为农村垃圾治理走向可持续发展铺平了道路。

　　生物质能利用技术能够将农村生活垃圾转化为可再利用的能源，不仅降低了垃圾处理的难度，也为农村地区提供了一种新的能源供应方法。高效焚烧技术通过高温焚烧垃圾，既能实现垃圾的减量化处理，也能通过热能回收系统将垃圾的热能转化为电能，为农村地区的能源供应提供新的选择。而先进的废物资源化技术则是将垃圾转化为可再利用的资源，如将有机垃圾转化为肥料，为农业生产提供支持。

　　这些终端处理技术的应用和推广，不仅是对农村垃圾治理的技术创新，也是对环保理念的实践和推广。通过将这些先进的终端处理技术应用到农村垃圾治理中，不仅能提高垃圾处理的效率和质量，也能为推动农村地区循环经济的发展和实现农村地区的可持续发展提供重要的技术保障。终端处理技术创新将为农村垃圾治理提供强有力的技术支持，推动农村垃圾治理工作向更高效、更环保、更可持续的方向发展。

三、宣传教育

宣传教育是农村垃圾治理工作的重要组成部分，能够提高农民的环保意识，促进农民积极参与到垃圾分类和处理工作中。

（一）环保意识的培养

环保意识的培养是实现农村生活垃圾常态化管理的基础。农民的环保意识直接影响到他们参与垃圾分类和处理的意愿和行为。在环境社会学和环境心理学领域，多项研究显示，个体的环保意识与其环保行为之间存在正相关关系。通过宣传教育活动，可以提高农民对垃圾处理与环境保护重要性的认识，从而促进他们形成积极的环保态度和行为倾向。多种宣传渠道如宣传册、宣传栏、广播和线上媒体等，能够覆盖广泛的农民群体，传递环保知识和垃圾分类的重要性。环保主题的讲座和活动能为农民提供与环保专家面对面交流的机会，深化他们的环保认知，刺激他们参与垃圾治理的积极性。

（二）垃圾分类知识的传播

垃圾分类知识的传播是推动农村垃圾分类工作的重要手段。教育学和传播学的研究指出，知识的传播是改变个体行为和社会习惯的前提。垃圾分类指南的制定和发放，能为农民提供具体、实用的分类方法和标准，减少他们参与垃圾分类的认知障碍。垃圾分类的培训课程和实践活动，能够通过实践中的体验学习，增强农民的分类技能和自信。垃圾分类知识的传播还能通过社区互动和社会网络的方式，形成积极的社会支持和正面的社会压力，促进垃圾分类的社会化和常态化。通过多层次、多角度的垃圾分类知识传播，能够构建积极、健康的垃圾分类社区文化，为农村生活垃圾常态化管理提供有力的社会支持并奠定相应的文化基础。

四、基础设施建设

治理农村生活垃圾的常态化管理在很大程度上依赖基础设施的建设与完

善。基础设施建设涵盖了从垃圾收集、转运到处置的全过程，是实现农村垃圾治理目标的物质基础。

（一）垃圾收集系统的建设

垃圾收集为垃圾治理流程奠定了基础，是确保环境卫生和社区健康的重要一环。构建一个完善的垃圾收集系统意味着需要在适当的地点设置垃圾收集点，同时配备必要的收集设备和工具，以便垃圾能够得到及时和妥善的处理。在设计垃圾收集系统时，需充分考虑到农村地区的特殊性和实际需求，如地域辽阔和人口分布不均的问题，以确保垃圾收集工作的有效性和可行性。对于农村地区来说，垃圾收集车辆和设备的研发成了不可忽视的环节，它们应能适应农村的实际条件，以提高垃圾收集的效率，同时降低运营成本。在垃圾收集系统的整体设计中，除了考虑设备和地理条件，还需要关注如何通过科技创新和管理优化来进一步提高垃圾收集和处理的效率，实现垃圾资源化和减量化，为农村地区的环境保护和可持续发展提供支持。

（二）垃圾转运与处理设施的建设

垃圾转运与处理不仅是农村垃圾治理的核心环节，也是提升农村环境卫生的重要步骤。一个现代化的垃圾转运站和处理设施的建设，能显著提高垃圾处理的效率和质量，也能降低环境污染风险。垃圾转运站的设计应注重合理布局和高效运营管理，保证垃圾能够及时、安全、高效地转运至处理设施。实现这一目标，不仅要有专业的人员进行运营管理，还需有科学的排程系统以及先进的监控和调度技术。在垃圾处理设施的设计和建设方面，应充分考虑农村地区的实际情况，如地域特点、资源条件和技术水平。此外，选择适宜的垃圾处理技术和模式至关重要。例如，生物质能利用技术能将农村的生物质垃圾转化为能源，为农村地区提供一种清洁的能源解决方案。高效焚烧技术则能有效降低垃圾的体积，减少垃圾对土地的占用，同时产生的热能可以进一步被利用。

为了实现垃圾的高效处理和资源化利用，除了采用先进的处理技术，还应加强垃圾分类和回收工作，提高农民对垃圾处理重要性的认识和参与度。此外，政府和社区应加大投入，推广垃圾处理的知识和技术，培训专业人员，以确保垃圾转运和处理系统的正常运营和持续改进。综合多方面的努力，可推动农村垃圾治理向着更加专业、高效和可持续的方向发展。

（三）信息化管理平台的建设

信息化管理平台的构建是农村生活垃圾常态化管理的重要手段。通过这个平台的建设，可以实现垃圾治理工作的数字化、网络化和智能化，显著提高垃圾治理的效率和效果。例如，借助传感器和监控设备的安装，实时监控垃圾收集、转运和处理的状态变得可行，可为决策提供准确的数据支持，确保垃圾处理流程的顺畅进行。

信息化管理平台也为公众参与提供了方便，通过线上平台，可以传递给公众有关垃圾分类的知识，收集公众意见和建议，进而促进社区的参与。这种参与性不仅能够提高公众的环保意识，也能够收集到更多有价值的反馈，进一步优化垃圾处理的流程和策略。

平台的构建应考虑到农村地区的实际情况，如网络覆盖的现状和信息技术的应用水平。平台的设计应当简单易用，以适应农民和管理人员的使用需求。平台应具备强大的数据分析和处理能力，以便实时监控垃圾治理工作，及时发现并解决问题。

（四）再生资源回收体系的建设

建立完善的再生资源回收体系对于实现农村垃圾资源化利用具有关键性的意义。通过设置合理的回收点和配备必要的回收设备，能够引导农民将可回收垃圾分类投放，从而提升再生资源的回收率。再生资源回收体系的构建不仅涵盖了回收点的设置和回收设备的配备，还包括了再生资源的收集、运输和处理等环节，以确保再生资源得到有效利用，为推动农村地区循环经济的发展提供支持。

回收点的设置需结合农村地区的具体条件，如地理环境、人口密度及交通状况，以提高回收点的覆盖率和利用率。配备必要的回收设备是为了保证回收工作的顺利进行，提高回收效率和质量。回收设备的选择和配置应根据不同类型的可回收垃圾的特点，以及农村地区的实际需求来进行。再生资源的收集、运输和处理是回收体系中不可或缺的环节，它们确保了回收资源的完整性和利用价值。再生资源的收集应做到及时、准确，运输过程中应保证资源的完好无损，而处理环节则需要根据不同类型的再生资源选择适宜的处理技术和方法，以实现资源的高效利用。再生资源回收体系的建设为推动农村地区循环经济的发展提供了实实在在的支持。通过高效的资源回收，能够减少垃圾的产生，降低垃圾处理的成本和环境风险，资源的循环利用也为农村地区的可持续发展提供了有力的保障。不断优化再生资源回收体系，可以实现农村生活垃圾的资源化利用，为农村地区的环境保护和循环经济发展奠定坚实的基础。

（五）政策法规与标准体系的完善

建立与农村生活垃圾治理相关的政策法规和标准体系，对保证基础设施建设和垃圾治理工作的顺利进行具有重要的保障作用。政策法规和标准的制定需结合农村地区的实际情况和需求，以提供对农村生活垃圾的收集、转运和处理明确的指导和规范，从而确保各项工作的标准化和法治化。一个完善的政策法规与标准体系不仅能为农村生活垃圾治理提供法律和技术支撑，而且能为监督和评价提供依据，进而促进农村生活垃圾治理工作的持续改进和发展。通过明确的政策指导和标准规范，可以促进各相关部门和群体的协同合作，推动农村生活垃圾治理的系统化、规范化进程。针对农村地区的特点和需求，政策法规和标准体系的制定应具备灵活性和针对性，以确保其实际效果和操作性。在此基础上，政策法规和标准体系的完善还应注重与国际标准的对接，吸纳国际上先进的经验和技术，为农村生活垃圾治理的长远发展提供广阔的视野和强有力的支持。通过持续的政策法规和标准体系的完善，能够为农村地区构建一个高效、可持续的生活垃圾治理体系，实现农村生态环境的持续改善和农村社区的绿色发展。

五、社区参与

社区参与是农村生活垃圾常态化管理的重要组成部分，它能够有效提高垃圾治理的效率和质量，为垃圾治理提供社会和文化支持。

（一）社区参与的意义和作用

社区参与能够有效地传播垃圾治理的知识和理念，帮助农民理解垃圾处理的重要性，以及垃圾处理对环境和社区健康的积极影响。通过社区的沟通和教育，农民能够更清晰地了解垃圾处理的长远意义，进而形成对垃圾治理的积极认知和支持。社区参与还有助于形成共同的价值观和社区共识，为实现垃圾治理的目标提供强有力的社会支撑。

在农村垃圾治理的过程中，透明度和公信力是成功实施的重要条件。社区参与能够有效地提高治理过程的透明度，增强公众对垃圾处理工作的信任和支持。通过社区参与，可以建立和维护公开、透明的信息交流机制，使得农民能够及时了解垃圾治理的进展和成果，增强对垃圾治理工作的信心和满意度。社区参与还能促进问题和矛盾的有效解决。在垃圾治理的过程中，可能会出现各种各样的问题和矛盾，如处理设施的选址、垃圾分类的实施以及垃圾处理费用的分担等。社区参与提供了一个有效的平台，让农民能够参与到决策和问题解决的过程中来，通过集体讨论和协商，找到最为合理和可接受的解决方案，促进社区和谐和稳定。

通过建立社区参与机制，可以实现垃圾治理的常态化管理，确保垃圾处理工作的长期有效进行。社区参与还能促进农村社区的可持续发展，通过提高农民的环保意识和参与意愿，为农村的环境保护和社区发展提供有力的支撑。

（二）社区参与的方式和方法

社区参与在农村垃圾治理中的实施，往往涵盖了公众教育和宣传、公众咨询和沟通，以及公众参与决策和评价等多个方面。通过开展垃圾分类和处理的宣传教育，可以有效提高农民的环保意识和垃圾分类技能，为实现垃圾治理的目标奠定坚实的基础。公众咨询和沟通是了解农民需求和意见的重要渠道，它不仅有助于增强垃圾治理的民主性和合理性，也能够促进农民与政府之间的交流和理解，为垃圾治理的顺利推进提供保障。而公众参与决策和评价则是实现垃圾治理效率和质量提升的重要手段，它能够确保农民的声音和需求得到充分的考虑和反映，也能够为垃圾治理的持续改进和发展提供有益的反馈和建议。这三方面的社区参与方式和方法相辅相成，共同为农村垃圾治理的成功实施提供了有力的支持和保障，展现了社区参与在推动农村垃圾治理改进和发展中的重要作用。

（三）社区参与的组织和机制

构建有效的社区参与组织和机制，对确保社区参与实施至关重要。社区参与组织应具备良好的组织能力和协调能力，以便有效组织和动员农民参与垃圾治理的各个环节。这种组织能力能确保资源和信息的有效流动，协调能力则能协助解决可能出现的冲突和矛盾，确保垃圾治理工作的顺利进行。在机制设计方面，明确公众参与的程序和渠道是基础，它为公众参与提供了明确的路径和便利的条件，也为监督和评价垃圾治理工作提供了依据。社区参与的组织和机制应具备一定的灵活性和开放性，以适应农村社区的多样性和变化性。灵活性能确保社区参与机制根据实际情况和需求进行适当的调整，而开放性则能保证各方的意见和建议得到充分的表达和考虑。通过这样的组织和机制，可以为农村垃圾治理的持续改进和发展提供有力的支撑，也可以为社区和政府之间建立长效的合作关系提供有利的条件。持续优化社区参与的组织和机制，可以进一步提高农村垃圾治理的效率和质量，促进农村社区的可持续发展。

（四）社区参与的激励和支持

为促进农民积极参与垃圾治理，提供必要的激励和支持是不可或缺的环节。激励措施的多元化，如政策支持、经济激励和社会认可，可以显著提高农民对垃圾治理参与的积极性和主动性。政策支持为农民参与提供了明确的指引和保障，使他们在参与过程中能够得到法律和制度的支持。经济激励则能够减轻农民的经济负担，提高他们参与垃圾治理的实际得益，从而增强其参与意愿。社会认可为农民的参与提供正面的反馈和肯定，能够增强其社会责任感和荣誉感。

技术支持和培训是提高农民参与垃圾治理能力和效果的重要手段。通过技术培训，农民能够掌握垃圾治理的基本知识和技能，提高其垃圾分类和处理的能力。而技术支持则能够为农民解决垃圾治理过程中遇到的技术问题，提高垃圾治理的效率和质量。综合运用各种激励措施和支持手段，能够有效促进农民的积极参与，为实现农村垃圾治理的目标提供有力的社会支撑。在这个过程中，构建一个包容、开放和高效的激励和支持体系，是促进农民积极参与，提高垃圾治理效果的关键。

（五）社区参与的评价和监督

评价和监督是不断完善社区参与组织和机制，提高社区参与效果和质量的重要途径。在评价方面，应综合考虑公众满意度、参与效果和社区影响等多方面因素，以全面了解社区参与的实际效果和价值。这种多维度的评价能够为社区参与的改进和优化提供有益的反馈和建议。在监督方面，建立有效的监督机制和渠道至关重要，它能确保公众参与的公正性和公开性，同时为垃圾治理的正向发展提供支持。有效的监督不仅能提高社区参与的透明度和公信力，还能为避免和解决可能出现的问题和矛盾提供机制保障。通过监督机制，可以及时发现和纠正社区参与过程中的问题，确保公众参与的质量和效果。评价和监督相辅相成，共同为社区参与的持续改进和发展提供了有力的支撑。它们能够帮助实现社区参与的自我完善，促进垃圾治理的效率和质量不断提升，进而为实现农村社区的可持续发展和环境保护目标提供有利的条件。

第四章　生活垃圾的分类

第一节　生活垃圾分类的目的和意义

从 2020 年修订的《中华人民共和国固体废物污染环境防治法》中的相关论述可以看出，生活垃圾通常源自日常生活活动或为日常生活提供服务的活动，其构成主要为固体废物。依据法律和行政法规的规定，某些特定种类的固体废物也被归为生活垃圾。这种垃圾的主要类别包括居民生活垃圾、集市贸易与商业垃圾、公共场所垃圾、街道清扫垃圾以及企事业单位垃圾。每个类别代表了其来源的不同领域，如居民生活垃圾主要源自家庭日常活动，而商业垃圾则主要产生于市集和商业活动。公共场所垃圾和街道清扫垃圾反映了公共空间的清洁需求，企事业单位垃圾则体现了各类机构在运营过程中产生的废弃物。这些垃圾的产生与处理对于环境卫生和资源回收具有重要意义。

一、生活垃圾分类的目的

对生活垃圾进行分类是为了实现分别的回收利用、分别的处理、减少对环境的污染[①]。

---

① 　环境保护部科技标准司，中国环境科学学会.城市生活垃圾处理知识问答 [M].北京：中国环境科学出版社，2012：20.

（一）减少处置量

生活垃圾的产生与处理成为现代社会面临的一大环境问题。不恰当的处理方式将加剧土地、水和空气的污染。传统的处理方式，如填埋和焚烧，虽然能够减少垃圾的体积，但仍然存在许多环境和健康问题。填埋会占用大量土地，而焚烧会产生有毒的气体和飞灰。生活垃圾分类的实施可以显著减少需要填埋或焚烧的垃圾量。当垃圾被有效分类时，许多物质，如有机废物和可回收物质，可以被转化为有价值的资源，而不是被视为废物。分类还能够筛选出那些不适合填埋或焚烧的物质，如电池、油漆和化学品，这些物质如果进入处理设施可能会导致严重的环境问题。垃圾堆肥是一种将有机垃圾转化为肥料的方法，而有效的分类能够提高堆肥的质量和效果。

（二）便于回收利用

资源的再生和循环使用是可持续发展的核心理念。生活垃圾中包含了大量的可回收物质，如纸、玻璃、金属和塑料。但是，当这些物质与其他垃圾混合时，它们的价值和回收潜力会大大降低。混合的垃圾需要经过复杂、费时和成本高昂的分选过程，并且分选的效果并不理想。生活垃圾分类从源头开始，使得可回收物质能够被干净、高效地回收。这不仅减少了垃圾处理的工作量，还增加了回收的效率和经济效益。通过分类，可回收物质可以被更直接、更高效地送到回收工厂进行处理，从而减少资源的浪费和环境的压力。

（三）最大限度地减少污染

垃圾的产生、收集和处理都可能导致环境污染。混合收集的垃圾中，有害物质和有机物质可能会相互作用，产生臭气和有毒的渗滤液。这些污染物会对土壤、水和空气造成伤害，影响人类的健康和生态系统的稳定性。生活垃圾分类可以有效地隔离有害物质，减少其与其他物质的接触和反应。此外，通过对不同种类垃圾的特性进行分析，可以为每种垃圾选择最合适的收集和处理方式。例如，有机垃圾可以进行堆肥或生物气化，而有害垃圾则需要特殊的处置。通过分类，可以确保每种垃圾都得到恰当的处理，从而最大限度地减少环境污染和健康风险。

二、生活垃圾分类的意义

生活垃圾分类有三大贡献，即"资源化""减量化"和"无害化"。

（一）资源化

生活垃圾资源化是指将生活垃圾转化为有用的资源，如能源、原材料或其他有价值的产品。这种转化可以提高资源的使用效率，减少对非可再生资源的依赖，同时能够减少垃圾处理对环境的压力。生活垃圾分类是实现资源化的关键步骤，以下从几个维度深入探讨其关系和重要性。

1. 提高资源的回收效率

生活垃圾中包含了大量的可回收材料，如纸、玻璃、塑料和金属。这些材料可以被重新加工成为新的产品，从而减少对新的原材料的需求。但是，如果这些材料与其他垃圾混合，其回收效率就会大大降低。分类可以确保这些材料在源头被分离出来，保持其纯净度和价值，从而提高回收的效率和经济效益。

2. 转化为能源

除了可回收材料，生活垃圾中还包含了大量的有机物质，如食物残渣、植物和纸张。这些有机物质可以通过生物技术或热化学技术转化为能源，如沼气、生物柴油或热能。分类可以确保这些有机物质被有效地收集和处理，从而提高能源转化的效率和质量。

3. 减少环境污染

垃圾的堆放和处理可能会产生大量的环境污染，如渗滤液、有害气体和固体残渣。这些污染物会对土壤、水和空气造成伤害，影响人类的健康和生态系统的稳定性。分类可以确保有害物质被有效地隔离，减少其与其他物质的接触和反应。此外，通过分类，不同种类的垃圾可以选择最合适的处理方式，从而减少环境污染和健康风险。

4. 促进循环经济的发展

资源化不仅仅是将垃圾转化为有价值的产品，更是一种对资源的全面、循环和高效利用的理念。生活垃圾分类为资源化提供了基础和条件，使得垃圾不再被视为废物，而是成为经济发展的重要组成部分。这种转变可以推动循环经济的发展，促进资源的持续、高效和环保的利用。

（二）减量化

实施生活垃圾分类是对现代城市环境管理的基本要求，它不仅对环境保护具有显著意义，更是一种经济、高效的资源管理方式。在当前我国的垃圾处理实践中，垃圾卫生填埋法占据主导地位，但这种方法所带来的问题也日益明显。无分类的生活垃圾中不仅含有被明文规定禁止填埋的危险废物，还有大量可回收、可再利用的资源。这种做法既增加了环境污染的风险，也导致了宝贵资源的浪费。

垃圾减量化是一种从源头上减少垃圾产生量的策略，它涉及多个方面的措施。例如，实行净菜进城可以明显减少城市垃圾中的腐殖质，因为不可食用的菜根、菜叶在农村就已经被利用为农肥。随着现代生活的变化，生活垃圾的成分也在发生变化。纸类等可回收物质在垃圾中的比例日益增加，这意味着经过有效分类后，需要填埋的垃圾量会大大减少。此外，随着居民生活水平的提高，传统的燃料如煤炭正在逐步被石油液化气、煤气和天然气所替代，这将大大减少灰分的产生量，从而对垃圾的总量产生影响。

实施垃圾分类可以更有效地推动垃圾减量化。分类后的垃圾更容易进行回收和再利用，这不仅减少了对填埋场的需求，还为资源的再利用创造了条件。例如，金属、玻璃和纸类都可以被回收和再利用，从而进一步减少垃圾的总量。通过垃圾分类，可以有效隔离和管理有害物质，避免它们进入填埋场，从而减少对环境的危害。在经济层面，实施垃圾分类可以延长填埋场的使用寿命，从而降低年均成本，提高经济效益。

（三）无害化

生活垃圾分类对于实现垃圾的无害化处理具有至关重要的意义。随着现代社会的发展，人类生活中产生的垃圾种类和数量都在持续增长，其中的一些垃圾如塑料袋、一次性发泡塑料餐具等，在环境中难以分解，对生态系统产生长期的危害。"白色污染"是近年来引起广泛关注的环境问题。这种污染源于塑料制品，如一次性发泡塑料餐具、塑料袋等。这些塑料制品在自然环境中几乎无法降解，长时间存在，并逐渐积累。它们不仅在土地上形成视觉污染，更因其在填埋或焚烧时产生的有害物质，对环境和人体健康构成威胁。

生活垃圾的无害化处理旨在确保这些废弃物不对环境和人类健康产生危害。通过分类，可以确保每种垃圾都得到适当的处理。例如，有机垃圾可以经过堆肥或生物气化转化为有用的资源，而有害垃圾则需要特殊的处理方法以避免环境污染。对于那些难以自然降解的物质，如一次性发泡塑料餐具和塑料袋，除了推动替代品的研发和使用，更重要的是建立有效的回收和处理系统，以实现其无害化。

提倡自带布袋购物，减少塑料袋的使用，是一个简单而有效的方法，它不仅可以减少垃圾的产生，还能提高人们的环保意识。而对于快餐盒这类不可避免的生活用品，推广使用纸餐盒和生物纤维、淀粉制成的餐盒是一个方向，尽管这些替代品的成本较高，但随着技术的进步和规模经济的实现，它们的价格有望逐渐降低。生活垃圾分类是确保垃圾无害化处理的基石。只有确保每一种垃圾都得到正确的处理，才能真正实现无害化的目标。这不仅可以保护环境，还能确保人类健康和生态系统的稳定性。在现代社会，资源有限，环境压力持续增大，实施垃圾分类，推进垃圾的无害化处理，不仅是环保的需要，更是社会责任和道义的体现。

具体而言，实行生活垃圾分类有如下益处。

（一）减少占地

实行生活垃圾分类对于减少土地占用具有显著的益处。在我国，由于城市化进程的加速和人口的持续增长，生活垃圾的产生量也在急剧上升。这导致了一个重要的问题：如何处理这些庞大数量的垃圾？目前，将垃圾送往填埋场进行填埋是最常用的处理方法。但是，这种方法存在着明显的缺陷。

填埋垃圾需要大量的土地。在土地资源日益紧张的今天，将大片土地变为填埋场意味着长期的土地资源浪费。这与我国的土地节约使用政策背道而驰，并且对于土地资源有限的城市来说，找到适合的填埋场地变得越来越困难。填埋垃圾的土地在很长一段时间内都不能恢复其原有功能。这意味着这些土地不能被用于农业生产，也不能用于建设住宅或其他设施。这不但造成了土地的浪费，而且限制了土地的经济潜力。随着时间的推移，填埋垃圾可能会对土地产生污染，影响土壤的质量和地下水的安全。

然而，实行生活垃圾分类可以有效地缓解上述状况。通过分类，大量的可回收和可再利用的物质可以被提取出来，从而大大减少需要填埋的垃圾量。这意味着需要的填埋场地面积会大大减少，从而节省了大量的土地资源。将可回收物质从垃圾中分离出来并进行回收再利用，不仅减少了土地占用，还为经济发展提供了有价值的原材料，实现了资源的最大化利用。

（二）减少环境污染

实施生活垃圾分类是当代环境管理的必要策略，旨在最大限度地减少对环境的污染。近年来，随着人口增长和生活水平提高，生活垃圾的产量持续上升，如何处理这些垃圾成了一个迫切的问题。垃圾焚烧作为一种常见的处理方法，虽然可以大大减小垃圾的体积，但可能导致空气和水源的二次污染。特定的有害化学物质，如二噁英，是焚烧过程中可能产生的剧毒物质，长时间暴露于这些物质下会对人体健康产生严重威胁。

生活垃圾分类可以从源头上减少垃圾的数量，并确保在焚烧之前进行适当的处理，从而降低有害物质产生的风险。这种方法不但减少了垃圾的总量，而且确保了那些可能产生有害化学物质的垃圾得到妥善处理。废塑料，如塑料瓶、塑料袋和其他一次性用品，是高分子聚合有机物，这意味着它们在自然环境中几乎不可分解。如果这些塑料被埋在地下，它们可能会长时间存在，影响土壤的质量和功能。但通过垃圾分类，这些塑料可以被回收并再利用，从而实现资源的再生和减少对土地的污染。废电池是另一个需要注意的问题。它们通常含有汞、镉等有害的重金属。这些金属在环境中的积累可能对人体健康造成长期伤害。生活垃圾分类确保电池在处理之前被正确分类，从而避免了有害物质对环境的污染。

（三）循环利用资源，变废为宝

实行生活垃圾分类对于循环利用资源和变废为宝具有深远意义。在中国，城市人均每日产生的生活垃圾为 0.8～1 千克，其中相当一部分为塑料和纸张。这些看似无价值的废弃物，经过适当的处理和再利用，具有巨大的经济潜力。

考虑到生活垃圾中大约 80% 可以回收或用作肥料，这明显减少了需填埋或焚烧的垃圾量。例如，废纸的回收不但可以减少木材的消耗，而且与新纸生产相比，可以大大降低环境污染。同样，废钢铁的回收不但节约成本，而且相较于利用矿石冶炼，可以大大减少各种形式的污染。食品废物和其他有机垃圾可以转化为有机肥或垃圾燃料。这些燃料可用于发电或供暖，为社会提供一种可再生的能源。废弃的铝制品，如易拉罐，可以再次熔化，从而减少了对原始铝矿的需求。塑料在生活中的应用广泛，但其难以分解的特性使其成为环境问题的主要来源。然而，经过适当的处理，废塑料不但可以被制成各种有用的产品，而且可以作为炼油的原料。这种"二次油田"的概念揭示了废物中隐藏的巨大经济价值。废电池，尽管含有有毒的重金属，但也包含多种有价值的金属矿材。科学的回收和利用策略可以确保这些金属被回收，而不是对环境造成污染。

（四）实现可持续发展

实施生活垃圾分类与全球可持续发展目标紧密相连。在资源受限、环境压力持续增加的背景下，资源的高效利用和环境的维护已成为当今社会面临的关键议题。中国，作为世界上人口最多的国家，其资源人均占有率低于世界平均水平，这使得资源的高效利用和垃圾管理尤为重要。

垃圾分类是确保资源循环利用的有效手段。通过对废弃物进行分类，可以确保可回收物质被重新利用，从而减少对原始资源的需求。这种方法不仅减少了生态破坏，还有助于确保资源的持续供应，满足社会日益增长的需求。生活垃圾的不当处理可能导致环境污染和健康风险。这种污染不但影响当前的生态系统和人类健康，而且可能对未来几代造成持续的伤害。实施垃圾分类策略可以降低这些风险，从而确保环境的长期健康和稳定。地球的资源有限，而当前的生产和消费模式正在迅速消耗这些资源。为了确保地球能够继续支持其上的生命，需要采取行动，确保资源的高效利用和环境的维护。垃圾分类为实现这一目标提供了一种实用的方法。

（五）弘扬中华民族传统美德

实行生活垃圾分类与弘扬中华民族传统美德有着深厚的联系。在经济高速发展和生活水平不断提高的现代社会中，消费模式变得多样，人们在享受生活便利的同时也面临着巨大的资源浪费和环境压力。在全球范围内，垃圾分类正在成为一个普及的趋势，对于中华民族来说，这不仅仅是跟随潮流，更是对传统节俭美德的现代表达。中华文化历来强调与自然和谐共生，珍惜资源。在古代，回收和重复利用被视为日常生活中的一部分，这种习惯深植于民间文化之中。现代社会中，许多人都有卖"破烂"换取零花钱的经历，这其实是一种对垃圾分类的直观体验。尽管如此，仅靠一部分人的努力是不足以满足现代社会资源回收和利用的需求的。垃圾分类的推广和实施需要全社会的参与。它不仅能够提高资源的利用效率，减轻环境压力，更能够从心灵深处唤醒人们对传统美德的尊重和传承。人们可以重新认识到资源的宝贵，学会珍惜，从而在日常生活中自然地践行节俭的美德。

第二节 生活垃圾分类的原则和方法

一、生活垃圾分类的原则

（一）生态环境保护原则

生态环境保护原则在生活垃圾分类中占有至关重要的地位，作为最根本的原则，它揭示了垃圾处理与全球环境健康之间的深刻联系。每当垃圾被错误地处理或不加分类地随意丢弃，它可能对水体、土壤和大气产生各种污染。这种污染不仅对自然生态系统构成威胁，还可能对人类健康产生直接或间接的不良影响。例如，不当的垃圾处理可能会导致有毒物质泄漏到土壤和地下水中，进而进入食物链，影响人类健康和生物多样性。

对有毒有害物质需进行专门处理。有些垃圾，如某些电子废品和化学物品，可能含有对生态和人体有害的物质。如果这些物质不经过适当的分类和处理而进入环境，它们可能会长时间留在生态系统中，造成持久性污染。为了减少这种风险，生活垃圾的分类和处理必须确保这些有害物质被妥善管理，避免其对环境和人体产生危害。考虑到全球范围内的生态环境问题，如气候变化，生活垃圾的分类和处理也与减少温室气体排放、促进碳中和和实现可持续发展目标有关。适当的垃圾分类和资源回收可以大大减少温室气体排放，同时为资源循环经济奠定基础，实现经济和环境的共赢。

（二）资源最大化利用原则

资源最大化利用原则是生活垃圾分类策略中的核心思想，它涉及对废弃物的视角转变，即从传统的"废物"到"潜在的资源"。这种转变意味着要对垃圾进行更深入的处理，以便从中提取和回收有价值的物质。提高资源的回收和再利用率，不仅可以减少对新资源的需求，还可以降低资源开采和加工过程中的环境成本和社会成本。例如，废弃的纸张、塑料和金属都可以被回收并再次进入生产循环，减少了对原始材料的需求，同时降低了生产过程中的能源消耗和温室气体排放。此外，有机垃圾，如食物残渣和园林废弃物，可以被转化为肥料或生物气，为农业和能源领域提供价值。

此原则也与循环经济的概念紧密相连，强调在生产和消费的整个过程中最大限度地减少浪费、提高效率并保持资源在循环中的价值。实践证明，坚持资源最大化利用为原则不仅有助于实现经济效益，还为环境保护和履行社会责任奠定了坚实的基础。

（三）经济效益原则

经济效益原则在生活垃圾分类中扮演着关键角色，因为任何可持续的管理策略都需要在经济上是可行的。合理的垃圾分类策略不但可以满足环境和社会需求，而且可以为城市和社区带来具有实质性的经济收益。

当生活垃圾得到恰当的分类，它们的处置方式可以更加有针对性。例如，有机垃圾可以转化为堆肥或生物燃料，而不是简单地被送往填埋场或焚烧设施。这种方法不仅减小了垃圾处理的环境影响，还可以节省与填埋或焚烧相关的昂贵费用。此外，分类后的可回收物质如金属、塑料和纸张可以卖给回收业者，为家庭带来额外的收入。通过减少对填埋场和焚烧设施的依赖，长期的土地和基础设施投资需求也得到了减少。填埋场的土地使用和后续的污染控制都需要巨大的经济投入，而经过合理分类的垃圾可以大大减少这些费用。

从更广泛的角度看，生活垃圾分类还可以创造就业机会。回收、处理和再利用的行业为社区提供了大量的工作岗位，从废品收集、分拣到高技术的回收处理等。

二、生活垃圾分类的方法

（一）按照物质性质分类

生活垃圾分类按照物质性质是现代垃圾管理的核心策略，目的是确保每种垃圾都得到最适合其性质的处理方法，从而实现资源和能源的最大化利用，同时最小化对环境的影响。

区分可回收物与不可回收物是回收工作的基石。对于可回收物，如纸张、玻璃、金属和某些塑料，它们可以被收集并送到再生工厂进行再加工，转化为新的产品。这种循环利用不仅减少了对新资源的需求，还大大减少了生产新材料所需的能源和碳排放。相比之下，不可回收物需要通过其他方法处理，如填埋或焚烧，这些方法可能对环境有更大的影响。

考虑到垃圾的燃烧特性来进行分类也是至关重要的。可燃物，如纸、木材和某些塑料，具有能量价值，可以在特定的焚烧设施中燃烧以产生能源，如电或热。这种方法可以转化垃圾中的有机物质为有用的能源，同时减少对化石燃料的依赖。而不可燃物，如玻璃和金属，不仅在焚烧中没有能量价值，还可能导致设备损坏或污染。

干湿分类对于有机废弃物的管理尤为关键。湿垃圾，主要由厨房和食品废弃物组成，是生物降解的，可以通过堆肥或生物气生产过程转化为有价值的产品。堆肥可以作为土壤改良剂返回土地，而生物气可以用作清洁能源。干垃圾，如纸张和塑料，可能不适合生物处理，但可以通过回收或能源回收得到处理。

（二）有毒有害物质的专门处理

在现代城市的生活垃圾中，有毒有害物质的存在与处理是一个严重和迫切的问题。这些物质，包括废电池、特定的化学物品和电子垃圾等，由于其内含化学和重金属元素，如果不当处理，可能对环境和人类健康带来长期和深远的影响。

废电池，尤其是含有汞、镉、铅等重金属的电池，若随意丢弃，这些有害元素可能渗透到土壤和地下水中，对生态系统造成破坏，并通过食物链进入人体，对人体健康造成伤害。化学物品，如某些清洁剂、农药和溶剂，含有有毒化学成分，如果与其他垃圾混合，可能导致化学反应，产生有毒气体或其他有害物质。而电子垃圾，如旧手机、电脑和其他电子设备，由于其内部的有毒元素如镉、铅、汞等，如果不经专门处理，也会对环境造成持续污染。针对这些有毒有害物质，应进行单独收集和专门处理。这不仅确保了这些物质不进入普通的垃圾处理流程，还可以确保它们得到适当的处置或回收，从而最大限度地减少其对环境的影响。例如，专门的回收设施可以提取电子垃圾中的有价值金属，同时安全处理有毒元素。对于含有有毒化学成分的物品，可以进行特殊的化学处理或安全存储，确保这些化学品不会泄露到环境中。

（三）针对地方特点的分类方法

生活垃圾分类，尽管在全球范围内已被广泛接受，但其具体实施和策略往往受到地方实际情况的影响。地方特点，包括文化、经济、技术和地理等因素，对垃圾产生的结构和处理能力都有直接的影响，因此必须在制定垃圾分类策略时进行深入的考虑。例如，某些地区由于特定的经济活动，如农业、渔业或旅游，可能会产生特定类型的垃圾。这些地方可能需要为这些特定的垃圾设置专门的回收和处理渠道。各地的资源回收设施和技术处理能力也可能有所不同。某些地方可能拥有先进的生物处理或焚烧设施，而其他地方可能主要依赖传统的填埋方法。这种差异意味着垃圾分类的策略和教育方法需要适应当地的实际条件。

社区和文化习惯也会影响居民对垃圾分类的态度和行为。例如，某些社区可能已经形成了强大的环保传统和回收习惯，而其他社区则可能需要更多的教育和宣传来鼓励居民参与垃圾分类。

地方政府和相关机构在推进垃圾分类时，需要深入了解其所在地的特点和挑战，并据此制定策略。通过对地方环境、社会和技术条件的全面考虑，可以确保垃圾分类策略的有效性和可持续性，从而实现最佳的环境、经济和社会效益。

第三节 生活垃圾分类的关键

生活垃圾分类是当今社会中一个重要的环境议题，特别是在农村地区，由于资源和设施的限制，正确的垃圾分类和处理显得尤为关键。

一、资源循环与再利用

（一）金属、纸张和塑料的回收再利用

谈论垃圾，很多人可能首先想到的是废弃物或无用的物品。但实际上，许多所谓的"垃圾"都含有可以被回收和再利用的有价值的材料。特别是金属、纸张和塑料，这三种材料在日常生活中无处不在，它们的回收再利用对环境和经济都有着巨大的益处。

1. 经济价值

金属、纸张和塑料的回收不仅可以为回收企业带来经济效益，还可以为整个社会创造就业机会。在农村地区，其可以为当地居民提供额外的收入来源，尤其是在那些资源匮乏的地方。

2. 环境保护

回收这些材料可以大大减少对自然资源的开采。例如，回收一吨纸可以保存 17 棵树。这意味着可以减少对森林的砍伐，从而保护生物多样性和减少碳排放。回收金属和塑料也意味着减少对矿产和石油的开采，这些都是不可再生的资源。

3. 能源节约

与从原材料中制造新产品相比，从回收材料中制造产品通常需要更少的能源。例如，回收铝的能源消耗只有从矿石中提取铝的 5%。这意味着通过回收可以大大减少能源消耗和相关的碳排放。

4. 减少垃圾填埋和焚烧

随着垃圾量的不断增加，越来越多的垃圾填埋场面临着空间不足的问题。而焚烧垃圾则会产生有害的空气污染物。通过回收金属、纸张和塑料，可以大大减少需要填埋或焚烧的垃圾量，从而减小对环境的影响。

（二）有机物质的回收和堆肥制作

在农村地区的生活垃圾中，有机物质往往占据了很大一部分，这主要是因为农村的生活方式与城市有所不同，食物残渣、农作物残留物等有机物质在农村更为常见。这些有机垃圾如果得到妥善处理，可以转化为宝贵的资源。

1. 土壤改良

有机垃圾可以通过堆肥过程转化为高质量的有机肥。这种肥料不仅可以提供植物所需的养分，还可以改善土壤结构，增加土壤的有机质含量，从而提高土壤的持水性和透气性。

2. 环境保护

与化学肥料相比，有机肥料更为环境友好。化学肥料中的过量养分往往会流失到水体中，导致水体富营养化，而有机肥料则更易于被植物吸收，减少了养分流失。

3. 经济效益

对于农村家庭来说，制作和使用有机肥料可以节省购买化学肥料的费用。而且，使用有机肥料种植的农作物往往更受消费者欢迎，可以带来更高的市场价值。

4. 减少垃圾处理的压力

有机垃圾的堆肥化可以大大减少垃圾的总量，从而减轻了垃圾处理的压力。堆肥过程中的微生物分解还可以减少垃圾中的有害物质，如病原菌。

二、减少环境污染

（一）不恰当的垃圾处理对环境的影响

不恰当的垃圾处理方式，尤其是随意倾倒或焚烧，对环境的破坏是深远的。随意倾倒的垃圾在自然环境中分解，释放出有毒物质和污染物，这些物质可能会渗入土壤和地下水，导致长期的生态破坏。此外，焚烧垃圾会释放大量的空气污染物，如二噁英、有害金属和细颗粒物，这些物质对人类健康和生态系统都有害。

空气、水和土壤是生态系统中三个关键的要素。这三者之间存在着复杂的相互作用和平衡关系。任何对这三者之一的污染都可能破坏这种平衡，导致生态系统的不稳定。例如，土壤污染可能会影响植物的生长，从而影响整个食物链。而水污染则可能导致水生生物死亡，影响水生生态系统的稳定。

垃圾分类是解决这一问题的关键。通过对垃圾进行分类，可以确保每种垃圾都得到最合适的处理方法。例如，可回收材料可以被分离出来进行回收，而有害垃圾可以被妥善处理，确保其不会对环境造成伤害。此外，有机垃圾可以通过堆肥转化为有机肥料，从而避免了其在自然环境中分解产生的污染。

（二）减少环境污染：有害垃圾的处理

特定的有害垃圾，如电池、油漆和某些化学品，含有大量有毒和危险的化学物质。这些物质对环境的破坏力极大。如果这些有害垃圾不经处理直接倾倒，其所含的有害物质可能会渗入土壤和水体，对生态系统造成长期的伤害。电池中可能包含有害金属，如镉、铅和汞。这些金属在自然环境中是不可分解的，它们可能会累积在土壤和水体中，从而进入食物链。这不仅会对生态系统造成伤害，还可能对人类健康构成威胁。油漆和某些化学品则可能含有有机化合物和有害溶剂，这些物质在自然环境中分解的速度很慢，可能会对生态系统造成长期的伤害。

垃圾分类起到了至关重要的作用。通过对垃圾进行分类，可以确保有害垃圾得到妥善的处理，避免其对环境造成伤害。例如，电池可以被送到专门的处理设施进行回收，从而确保其有害成分不会对环境造成伤害。油漆和化学品则可以被送到有害垃圾处理设施，确保其被安全处置。

三、降低处理成本与提高效率

（一）经济效益的提升

垃圾的正确分类与处理在环境保护方面的意义显而易见，但其在经济上的价值也不容忽视。当垃圾被恰当地分类，其后续处理的成本往往大大降低，也为社会带来经济效益。

从宏观经济的角度看，垃圾处理是一个高成本的活动。无论是填埋、焚烧还是其他处理方式，其背后都涉及大量的资金投入，如土地购买、设备购置、人力资源和维护费用等。但当垃圾得到正确的分类，这些成本有可能大幅度减少。例如，回收材料的分离意味着填埋或焚烧所需处理的垃圾量会减少，从而节省了处理成本。

分类后的垃圾为回收业务创造了巨大的机会。回收材料，如塑料、纸张、金属等，可以卖给回收商。这些回收商进一步处理这些材料，为生产业提供原材料。这不仅减少了对原始资源的需求，从而节省了资源开采的成本，还为经济带来了直接的收益。回收行业自身也是一个可创造就业机会的行业，从而为社会经济的发展做出贡献。

（二）农村地区的资源最大化利用

农村地区的特殊性决定了其垃圾处理的方式与城市有所不同。在这些地方，很多所谓的"垃圾"实际上是宝贵的资源。例如，食物残渣、农作物残留物和其他有机物质可以被转化为肥料或动物饲料。

这种转化过程实际上是一种资源的最大化利用过程。传统上，这些有机物质可能会被看作废弃物，需要投入大量资源进行处理。但通过堆肥或其他方式，这些物质可以被转化为对农村地区至关重要的资源。例如，有机物质的堆肥化可以为农田提供高质量的肥料。与化学肥料相比，这种有机肥料更加环保，对土壤有益，而且经济上更为划算。这为农民节省了购买化学肥料的费用，也避免了化学肥料对环境可能带来的污染。

有些农村地区可能会将有机垃圾用作动物饲料。这再次证明了垃圾分类的重要性。当垃圾得到正确的分类，其中的有机物质可以被分离出来，避免了与其他可能有害的物质混合。这确保了有机物质在被用作饲料时是安全的，从而为畜牧业提供了经济效益。

四、改善社区健康和生态

（一）垃圾处理与疾病的关系

不当的垃圾处理方式往往成为多种疾病的滋生地。这些垃圾堆积的地方为多种病媒生物提供了生存和繁殖的条件。例如，蚊子会在积水的垃圾中产卵，而老鼠和其他害虫则可能被食物残渣吸引到这些地方。这些生物不仅是多种疾病的传播者，还可能直接对人类健康构成威胁。蚊子是许多严重疾病的传播者，如疟疾、登革热和黄热病。在有大量不当处理的垃圾的地方，这些疾病的风险会显著增加。老鼠和其他害虫则可能携带多种病原体，如细菌、病毒和寄生虫，它们可能会被直接或间接地传播给人类。

垃圾分类和适当的处理可以有效地降低这些风险。当垃圾得到正确的分类，食物残渣和其他有机物质可以被及时分离出来，从而避免了蚊子和其他害虫的滋生。有害垃圾得到妥善处理可以确保其不会对环境和人类健康造成威胁。维护社区的公共卫生是每个社区的基本责任。正确的垃圾处理方式不仅可以提高社区居民的生活质量，还可以避免多种疾病的传播，从而保障社区居民的健康。

（二）垃圾处理与生态保护

农村地区的生态系统往往与其经济发展紧密相连。土壤、水和生物多样性是农村社区的基本资源，任何对这些资源的污染或破坏都可能对农村社区的生计产生严重的影响。

不当的垃圾处理方式可能会对这些生态资源产生直接或间接的影响。例如，如果有害垃圾不经处理直接倾倒，其所含的有害物质可能会渗入土壤和水体，从而影响农田的肥力和水体的水质。这不仅会对农作物和水生生物产生直接的影响，还可能导致生物多样性的减少。垃圾分类和适当的处理是保护这些生态资源的关键。当垃圾得到正确的分类，可回收材料、有机物质和有害垃圾都可以得到适当的处理，从而确保它们不会对环境造成伤害。例如，有机垃圾可以通过堆肥化转化为有机肥料，为农田提供肥力，而有害垃圾则可以被妥善处理，确保其不会对环境造成伤害。

生态系统的稳定和健康对农村社区的经济发展至关重要。正确的垃圾处理方式不仅可以保护这些生态资源，还可以为农村社区带来经济效益。例如，保护水体的水质可以确保水生生物的生存，从而为渔业提供支持，而保护土壤的肥力则可以确保农作物的高产，从而为农业提供支持。

五、培养环境意识

（一）垃圾分类作为教育过程

垃圾分类，从表面上看是一种简单的日常行为，实际上却涉及深远的社会和环境问题。作为一个教育过程，它使参与者意识到每个人的日常选择和行为如何与更广泛的环境议题相互联系。作为生态环境的一部分，人类与其他生物共同分享地球上的资源。然而，现代消费主义文化经常导致过度消费和资源浪费，这无疑增加了垃圾的产生。通过参与垃圾分类，个体开始反思自己的消费习惯，认识到过度消费、不恰当的处置和环境退化之间的联系。每当个体决定将某个物品归类为可回收、有机或有害垃圾时，他们实际上正在进行一次对自己生活方式的反思。这种反思鼓励人们思考物品的来源、生命周期以及最终的处置方式。这样，垃圾分类不再仅仅是对物品的物理排序，还是对个体消费行为和环境影响的深入思考。随着时间的推移，这种思考可能会促使个体做出更为环保的消费选择，减少浪费并提高资源的再利用率。

（二）农村与自然环境的紧密关系

农村地区与自然环境之间的联系尤为紧密。这种联系不仅体现在经济上，如农业和渔业，还体现在文化和传统上。农村社区的生活方式往往与土地、水和其他自然资源密切相关，这使得环境保护在农村地区尤为关键。对于这些社区来说，生态系统的健康直接关系到其经济和文化生活的质量。垃圾分类和适当的垃圾处理在农村地区具有特殊的意义。不当的垃圾处理可能会对土壤、水源和生物多样性造成伤害，从而影响农村社区的生计。而垃圾分类则为环境保护提供了一个有效的手段。通过垃圾分类，农村社区可以确保资源得到最大化利用，同时可以避免对环境造成伤害。

垃圾分类也为农村社区提供了一个教育机会。通过参与垃圾分类，农村居民可以更加了解自己的生活方式与环境之间的关系，从而培养起对环境的责任感。这种责任感可能会促使他们采取更为环保的生活方式，如减少浪费、选择可持续的农业方法和保护当地的生物多样性。

第四节　国内生活垃圾分类的经验、制度及运作特点

一、国内垃圾分类概况

我国大部分城市生活垃圾的收集方式主要还是采用定点投放、混合收集。[①] 在普通居民区，居民将日常生活垃圾放入临近的垃圾收集点或垃圾收纳所，接着由环卫专业人员将其转运至垃圾中转站。公共场所及城市道路沿线，每隔一定距离都配备了垃圾箱，并由专责人员定期进行清理。值得注意

---

① 赵莹，程桂石，董长青.垃圾能源化利用与管理 [M].上海：上海科学技术出版社，2013：3.

的是，在城市中，众多的拾荒者参与垃圾的回收工作。综观全局，我国在垃圾分类的充分性、系统性及彻底性方面仍存在明显不足。许多有价值的资源未能得到妥善利用，一些潜在有害物质在未经分类处理的情况下被送往填埋场，引发了一系列环境挑战。

1996 年 12 月 15 日标志着一个重要时刻，北京市西城区大乘巷的居民在民间组织"地球村"的支持下，启动了垃圾分类实践。自 1997 年起，北京的部分市民和学生也积极参与，主动分类和收集废弃电池。为此，北京市环卫局设立了专门的废电池回收点，以确保废电池得到回收并进行集中的无害化处理。

2000 年，国家建设部选定了包括北京、上海在内的 8 个主要城市，作为垃圾分类投放和处理的试点①。分类收集的重点对象包括废纸、塑料、金属和废电池。各城市结合本地实际情况，逐渐制定了一系列具有地方特色的分类收集实施原则和方法。尽管如此，实际效果并不尽如人意。对垃圾分类回收的整体社会关注度仍然不高。与发达国家在垃圾分类处理上的显著成果相比，以及与我国日益加剧的垃圾处理挑战相对照，现有努力显然不足。观察现今城市垃圾分类收集的具体实施情况，实施分类收集的城市大多为经济发达且居民文化素质较高的大都市。而诸如洛阳、西安等中西部城市，仍广泛采用混合收集方式。部分城市的垃圾分类回收率低下，有的地方甚至尚未实施分类回收；众多城市并未配置垃圾分类收集设备，即便有的城市配置了分类收集容器，公众和过路行人仍然难以做到真正的分类投放。更有甚者，尽管完成了分类投放，但由于缺乏专门的垃圾分拣中心，垃圾最终仍然被混合处理。

2008 年，上海市选择了 100 个社区首次实施生活垃圾的四色分类制度。除了大件垃圾和装修垃圾外，上海新的分类方法将居民区的垃圾细分为玻璃、有害垃圾、可回收物以及其他垃圾四类。垃圾分类的标志颜色为黄、橙、蓝和绿，而相应的垃圾箱颜色则分别是绿色、红色、蓝色和黑色。对于

---

① 赵莹，程桂石，董长青. 垃圾能源化利用与管理 [M]. 上海：上海科学技术出版社，2013：4.

公共区域如景观道路，采用了二分类模式，即可回收物和其他垃圾。而对于政府机构、教育机构及大型企事业单位，则实施了三分类模式，即可回收物、有害垃圾和其他垃圾。到 2011 年 11 月底，上海已有 1 080 个居住区进行了垃圾分类试点工作，每日处理的生活垃圾量达到了 18 227 吨。2012 年，上海市的目标是巩固 2011 年的 1 080 个试点小区的成果，进一步扩大试点范围，新增 1 050 个试点场所，包括 500 个居住小区、100 个政府机关、200 个企事业单位、100 个集贸市场、100 所学校以及 50 个公园，以期将人均生活垃圾处理量控制在每人每天 0.74 千克以内。

2011 年 4 月 1 日，《广州市城市生活垃圾分类管理暂行规定》正式生效。该规定倡导了"逐步推进、分阶段实行"的垃圾分类工作策略，为各关联部门明确了各自的职责，并对垃圾分类的普及与宣传制定了细致的条款。为规范垃圾处理行为，该规定对未按要求进行垃圾分类、收集、运输及处理等行为制定了相应的处罚措施。按照广州的标准，生活垃圾被划分为四大类：可回收物、餐厨垃圾、有害垃圾以及其他垃圾，其收集则分别采用蓝色、绿色、红色和灰色的垃圾箱。

2016 年 12 月 21 日，习近平总书记在中央财经领导小组第十四次会议上强调，普遍推行垃圾分类制度，关系 13 亿多人生活环境改善，关系垃圾能不能减量化、资源化、无害化处理。要加快建立分类投放、分类收集、分类处理的垃圾处理系统，形成以法治为基础、政府推动、全面参与、城乡统筹、因地制宜的垃圾分类制度，努力提高垃圾分类制度覆盖范围。2019 年 6 月 3 日，习近平总书记对垃圾分类工作做出重要指示：实行垃圾分类，关系广大人民群众生活环境，关系节约使用资源，也是社会文明水平的一个重要体现。推行垃圾分类的关键是加强科学管理，形成长效机制，推动习惯养成。在操作层面上要因地制宜、持续推进，用绣花的功夫持之以恒地常抓不懈。在宣传教育上也要推进垃圾分类理念形成，让广大人民群众认识到实行垃圾分类的重要性和必要性，引导更多的人行动起来，从我做起，培养垃圾分类的好习惯，一起为改善生活环境做努力，一起为绿色发展，可持续发展做贡献。2020 年新年前夕，国家主席习近平通过中央广播电视总台和互联网，发表 2020 年新年贺词，在新年贺词中提到"垃圾分类引领着低碳生活新时尚"。

二、国内垃圾分类政策推进现状

随生活垃圾分类事务的逐渐深入，各类相关政策也接连出台。2015 年 9 月，中共中央与国务院发布了《生态文明体制改革总体方案》，其中明确表示将逐步实施垃圾强制分类的策略。这一措施的提出，旨在从制度层面确保推进，它被视为整体生态文明建设框架的组成部分；旨在明确目标、确立态度，而非短暂应急之策。为确保此项任务的高效执行，国务院及其相关部门纷纷制定并发布了相应的执行计划和支持政策。

自 2017 年 3 月，国家发展和改革委员会、住房城乡建设部联合发布了《生活垃圾分类制度实施方案》（以下简称《方案》），中国生活垃圾分类进入"强制时代"，从过去的自愿参与，到法律法规条款下的强制执行，垃圾分类已经走过 3 个年头。《方案》提出到 2020 年底中国的直辖市、省会城市以及一些计划单列市等 46 座城市均要先行实施生活垃圾强制分类，从中央到地方，上海 2019 年带头实施，北京、广州、浙江等省（自治区、直辖市）2020 年紧随其后，过去 1 年垃圾分类行动如火如荼向前推进[①]。

2019 年 6 月，住房和城乡建设部等 9 部门联合印发了《关于在全国地级以上城市全面开展生活垃圾分类工作的通知》，在全国地级以上城市全面启动生活垃圾分类工作。要求到 2025 年，全国地级及以上城市基本建成生活垃圾分类处理系统。

三、国内垃圾分类制度介绍

随着生活垃圾管理工作和垃圾分类理念不断深化，我国初步形成了生活垃圾治理的法律和制度体系。关于生活垃圾分类和管理的法律规定，散见于

---

① 陈俊霞，张彦丽，雪萌萌.美丽中国建设中的绿色生活方式研究 [M].济南：山东大学出版社，2021：108.

国家和地方层级的立法之中。[①] 垃圾分类制度如表4-1所示。

表4-1 国内垃圾分类制度

垃圾分类制度层面	制度条例介绍
国家层面规划	《中华人民共和国环境保护法》 《中华人民共和国循环经济促进法》 《中华人民共和国固体废物污染环境防治法》 《城市市容和环境卫生管理条例》 《城市生活垃圾管理办法》 《废弃电器电子产品回收处理管理条例》
地方层面细化	生活垃圾分类管理的地方性法规或规章、生活垃圾管理工作具体分类标准和实施细则

（一）国家层面规划指导

在我国的生活垃圾管理法律体系中，《中华人民共和国环境保护法》作为核心法律，为其他相关法律提供了基础框架。在其原则性条款中，该法明确了地方政府和公民在生活垃圾分类及回收处置领域所承担的职责与义务，为生活垃圾分类制度的实施提供了指导方针。为了提升资源的循环利用效率并推动循环经济的持续发展，《中华人民共和国循环经济促进法》明确了"减量化、资源化和再利用"这三个核心理念。该法主要对生产者和经营者的生产行为进行规范，明确了在废物资源化利用中，政府与企业的职责和义务，同时鼓励公众采纳环保消费行为，选择再生产品，减少对资源的过度消耗及对生态环境的破坏，从而推进循环经济的健康发展。这两部法律为生活垃圾分类制度提供了坚实的法律支撑。而在整个法律体系中发挥核心作用的是《中华人民共和国固体废物污染环境防治法》。2020 年，《中华人民共和国固体废物污染环境防治法》经过修订，明确了国家对生活垃圾分类制度的推进态度，并专门设立了章节对垃圾分类工作进行详细规定。《中华人民共和国固体废物污染环境防治法》第四十三条要求逐步构建城市生活垃圾的

---

① 李钧泽，刘中梅. 我国城市生活垃圾分类制度现状及法律对策 [J]. 科学发展，2022（11）：92-97.

分类、收集和运输管理体系，确保垃圾分类制度在各个区域得到实施；而第四十七条则规定政府应制定垃圾分类的指导目录，并为循环利用工作建立收购站点，强调了政府在回收环节的主导责任。《中华人民共和国固体废物污染环境防治法》还引入了针对污染防治的问责制度和评估机制，促使各级政府在固废污染防治上积极履职，明晰了各相关主体包括政府、企业和公民在此领域的职责与义务。

《城市市容和环境卫生管理条例》在法律框架中，为市容及环境卫生行政主管部门在生活垃圾的回收与处理环节所承担的监督与管理职责提供了明确指引。该条例对生产经营实体和公众在处置和投放生活垃圾方面的行为方式及时间进行了具体规定，从而对城市的市容进行了规范管理，并增强了法律规范的实施性。为了强化城市生活垃圾的管理，并提高城市设施与环境卫生的标准，《城市生活垃圾管理办法》对特许经营制度在生活垃圾分类工作中进行了明确梳理，进一步界定了主管部门的管理职责，并对违反法律条文的实体或个人进行了相应的罚款和法律责任界定。为了对特定的废弃物进行回收和处理，国务院推出《废弃电器电子产品回收处理管理条例》。结合《中华人民共和国循环经济促进法》中对废弃电子产品拆卸和再利用的具体条款，以及再利用产品的标准化，该条例为电子垃圾的回收和处理制定了详尽的规定，为废弃电子产品的分类和回收工作提供了坚实的法律支持。

（二）地方层面细化落实

在生活垃圾分类制度的国家级推进中，除了依赖中央法律法规为其提供基础性的法律支持外，地方性法规的细致规定和执行力度也起到了不可或缺的作用。尽管《中华人民共和国环境保护法》《中华人民共和国循环经济促进法》和《中华人民共和国固体废物污染环境防治法》等核心法律为生活垃圾分类管理提供了原则性指导，但在国务院的行政法规和规章中，并未明确相关的执行标准和具体操作指引。因此，地方性法规在整个城市垃圾分类的法律架构中，重要性不言而喻。对设区的市级地方性法规的统计数据显示，截至 2022 年 10 月，我国已有 86 个城市参照《中华人民共和国固体废物污染环境防治法》《中华人民共和国循环经济促进法》和《城市管理条例》等相关法律条文，并结合各自的地域特性和实际需求，制定了针对生活垃圾分类管理的地方性法规或规章，为生活垃圾的管理工作制定了明确的分类准则和实施细节。

在对生活垃圾进行分类的标准上，多数试验性城市均采用了四类分类方法，但在具体的类别划分上有所微调。例如，大连的分类法是可回收物、厨余垃圾、有害垃圾和其他垃圾；而盘锦的分类方式为可回收物、有害垃圾、易腐垃圾和其他垃圾。福州和盘锦的分类准则较为一致，但福州进一步引入了大件垃圾这一类别，从而将生活垃圾分为五类。在监管策略上，部分城市尝试将生活垃圾管理与征信系统相连接。以深圳为例，对于不遵守法规、未执行生活垃圾分类指引的组织或个人，其违规行为将在企业或个人征信系统中被记录。其他城市如沈阳则主张社会参与的监督，明文规定城市管理各级单位需设立举报通道、聘请社会监督员，并接受新闻媒体的舆论监督。针对法律责任，对于那些违反法定规定和不执行相关职责的处理手段，主要归结为责令整改和罚款两种形式。以北京为例，它将处罚细分为口头劝解、书面警告、罚款等多种措施。而山西采取的策略是先行进行批评教育，随后要求相关单位或个人在规定时限内进行整改，若仍未达到要求，则视具体情形决定相应的罚款金额。

四、国内农村垃圾资源化模式

我国农村居民都有回收废品的传统习惯，把可回收垃圾回收，卖给废品回收站，以补贴家用[①]。但随着社会经济的快速发展，农村居民经济状况得到了显著改善，他们在经济上更加宽裕，这导致了对废品回收的兴趣逐渐减弱。这种转变背后的原因可以归结为两个主要因素。首先，垃圾分类之后，资源化渠道的不畅通意味着缺乏专业企业来处理和再生这些可回收的物质。其次，目前的市场机制存在缺陷，废品的回收价格低廉，使得从事废品回收

---

① 王小平.农村生活垃圾分类及其资源化利用模式研究 [D].长沙：湖南农业大学，2017：25.

的劳动成本很难得到适当的补偿。例如，将金属易拉罐卖给回收站的价格仅为 0.1 元，而收集这些易拉罐的劳动成本则超过了这一金额，这导致了对易拉罐回收的动力大大降低。此外，还有其他的可回收物品，如废铁块和铁丝，也面临着类似的经济挑战。这些因素综合作用，导致农村地区的居民对废品回收的热情大大降低。

（一）农村生活垃圾资源化利用生态网络构建

1. 分类后的有机垃圾资源化利用模式

在农村家庭中，居民对生活垃圾进行分类处理。其中，有机垃圾主要包括水果和蔬菜的残余、餐饮剩余以及干枯的草和树叶等。这类有机垃圾可以经过适当的发酵处理，转化为有机肥料。这种有机肥料可以满足农户对菜地、果园及农田的土壤改良需求，进而实现家庭庭院内的循环再利用和自我维护。如图 4-1 所示。

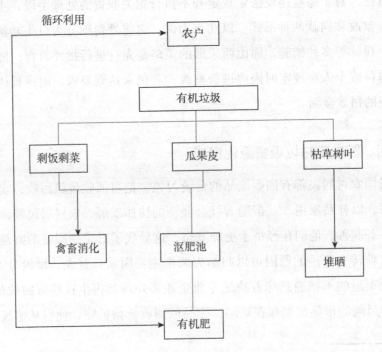

图 4-1　有机垃圾农户资源化利用模式

远郊农村，如果养殖类鸡鸭猪等禽畜较多，剩饭剩菜基本被消耗，农户较为分散，因此宜采用如图 4-1 中的循环模式：农户将一部分剩饭剩菜和瓜果皮等喂养给鸡鸭等，另一部分用作堆肥生产有机肥。

近郊农村和集镇则采用村循环，由于人口密集，有机垃圾产量高，则需要村小组或者整个村修建有机垃圾堆肥设施，形成村循环模式，如图 4-2 所示。

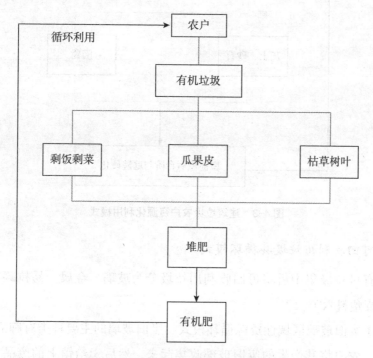

图 4-2　有机垃圾村域资源化利用模式

2.分类后的建筑垃圾资源化利用模式

农户对垃圾进行分类，其中建筑垃圾主要是灰土、陶瓷、砂石类。建筑垃圾产量占总产量比重较低，大多是由城镇化建设产生的垃圾。远郊农村农户基本能自行消纳，近郊农户可建立建筑垃圾村循环模式，将一个镇每个村的建筑垃圾收集起来，用灰土砂石、陶瓷等填路或制作砖块。这样建筑垃圾就形成了镇内资源化循环。如图 4-3 所示。

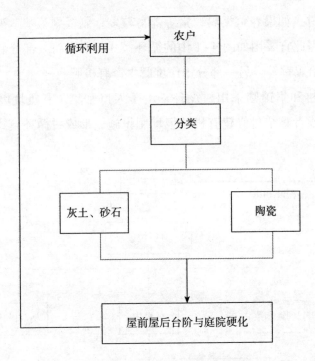

图 4-3　建筑垃圾农户资源化利用模式

3.可回收利用垃圾县循环模式

将有机垃圾集中后将可回收利用垃圾分为玻璃、金属、易拉罐、布料、废止、废塑料六类。[①]

（1）废旧玻璃区域性资源循环模式。废旧玻璃的主要种类有啤酒瓶、饮料瓶等。农户将其产生的废旧玻璃收集起来，然后卖给镇上的废品回收站，再通过集中运送，送到县级废品回收站，经由县级废品回收站将废弃玻璃送至玻璃厂，通过玻璃厂的加工产生泡沫玻璃制品，最后回销给农户，这样形成废旧玻璃区域性资源循环模式。如图 4-4 所示。

---

① 王小平.农村生活垃圾分类及其资源化利用模式研究 [D].长沙：湖南农业大学，2017：29.

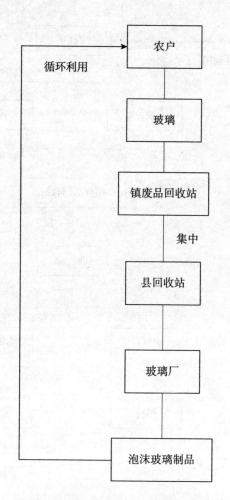

图4-4　废旧玻璃区域性资源循环模式

（2）废旧金属区域性资源循环模式。主要的废旧金属包括铁丝和废铜。农户会将这些废旧金属出售给所在镇的废品回收站。随后，这些废旧金属会被统一转运至县级的废品回收中心。在这个中心，废弃的铁丝会被送往钢铁厂进行炼制，而废铜则被转运至专门的废铜冶炼企业，用于加工制作铜制品。最终，这些经过再制的产品将被销回农户，从而完成了一个废旧金属区域性资源循环利用过程。如图4-5所示。

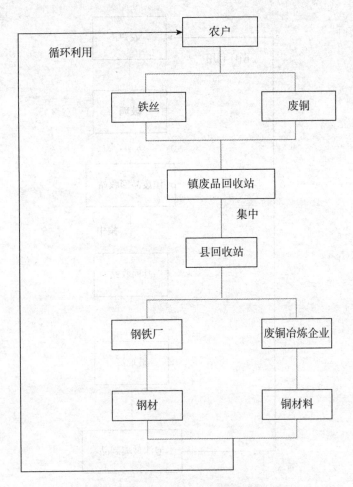

图 4-5 废旧金属区域性资源循环模式

（3）易拉罐区域性资源循环模式。农户会将生活中产生的易拉罐出售给所在镇的废品回收中心。这些易拉罐会被统一转运至县级的废品回收站。易拉罐会被送往专门的铝加工企业，经过处理再制成各种铝制品。最终，这些再生铝制品将被销回农户，形成了一个易拉罐的区域性资源循环利用过程。如图 4-6 所示。

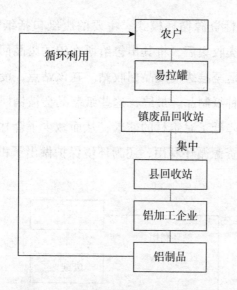

图 4-6 易拉罐区域性资源循环模式

（4）废布料区域性资源循环模式。主要的废布料包括废毛巾和废旧衣物。这些废布料首先通过保洁员进行集中收集，并被转运至镇级的转运站。随后，它们会被统一转运至县级的废品回收中心。在该中心，废布料会被送往布料加工厂，经过再加工制作成各类产品如玩具和枕套。最终，这些再制的产品将被销回农户，完成一个废布料的资源循环利用过程。如图4-7所示。

图 4-7 废布料区域性资源循环模式

（5）废纸区域性资源循环模式。主要的废纸包括纸箱和旧书等。农户对这些废纸进行分类收集后，将其出售给所在镇的废品回收中心。之后，这些废纸会被统一转运至县级的废品回收站。在该站点，废纸将被送往造纸厂进行加工，生产各种纸制品。最终，这些纸制品会被销回农户。将废纸作为制纸的原料，显著降低了对木材的需求，从而减少了森林的砍伐。这个过程不仅实现了废纸的资源循环利用，还为环境保护做出了积极贡献。如图4-8所示。

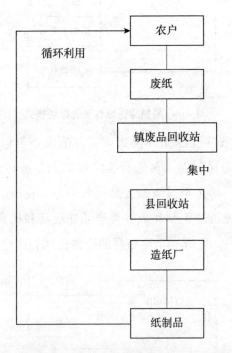

图4-8　废纸区域性资源循环模式

（6）废塑料区域性资源循环模式。废塑料主要由食品包装袋、饮料瓶和购物袋等构成。农户对这些废塑料进行分类收集，其中具有较高回收价值的饮料瓶会被售予镇上的废品回收中心。而其他的塑料制品，如包装袋和购物袋，会由保洁员进行统一收集，并被转运至镇级的转运站。随后，这些废塑料会被统一送至县级的废品回收中心。废塑料将被进一步送至塑料加工企业，在那里它们会被加工成各种合成塑料制品。最终，这些制成的塑料制品会被销回农户，完成一个废塑料的资源循环利用过程。如图4-9所示。

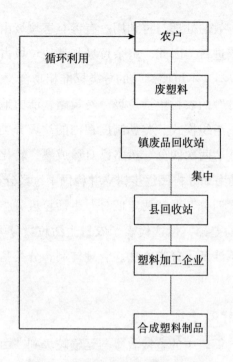

图 4-9　废塑料区域性资源循环模式

五、农村生活垃圾分类的典型案例

（一）浙江金华市陆家嘴

　　浙江金华地区自 2014 年就率先实施农村生活垃圾分类，在全国属于最早开展生活垃圾分类的地区。[①] 经年累月的探索与实践后，该地区的农村生活垃圾分类策略逐渐呈现出地域特色，形成了"两次四分"法的独特模式。在这一模式中，村民首先自行进行前端分类，将生活垃圾区分为"可腐烂"与"不可腐烂"两大类别。随后，垃圾清洁工基于村民的初步分类，进一步细化，将垃圾分为可回收垃圾、厨余垃圾、有害垃圾和其他垃圾四个子类别。

　　分析浙中农村的实际垃圾构成，可回收物在经过市场交易或供销社的回

---

① 蒋培 . 农村生活垃圾分类方法的转变及其社会逻辑分析：基于浙江省金华市陆家村的调查 [J]. 鄱阳湖学刊，2022（4）：79-87，126-127.

收后，大多得到了有效的处理与再利用。有毒有害垃圾由于数量较少，其处理并不需要日常频繁进行。因此，厨余垃圾与其他垃圾占据了生活垃圾的主体，这与"可腐烂"与"不可腐烂"的分类标准相吻合。

基于"两次四分"的农村生活垃圾分类策略，浙中地区制定并完善了一整套包括管理机制、组织模式、奖惩制度在内的垃圾分类体系。通过连续数年的实践与推广，此"两次四分"策略已日臻成熟，转化为一种广为接受的垃圾分类模式，也助力地方村民逐步树立并稳固了垃圾分类的行为规范。

陆家村从"两次四分"向"两定四分"生活垃圾分类策略的演进，尽管在字面上仅有微小的差异，但这代表了农村生活垃圾分类体系的深度转型。具体而言，这种变革涉及了分类方法、管理体制、分类基准及处理策略等关键领域的重大调整。

1. 行为主体的转变

从"两次四分"策略中的直接收集与运输垃圾到"两定四分"策略中的定时定点垃圾投放，这不仅反映了村民在垃圾分类执行中角色的转变，也揭示了农村生活垃圾分类管理体制的逐步演进。在"两定四分"策略框架下，村民主要遵循统一的城乡生活垃圾分类标准，包括回收物、易腐物、有害物及其他垃圾的四大类别。在这一过程中，村民不仅受到现场志愿者（监督员）的实时监督，还受到在线视频监控的实时观察，并将相应情况以图像形式记录，为后续评估和证据收集提供支持。

2. 管理主体的转变

农村生活垃圾分类的管理主体经历了显著的转变。在"两次四分"策略下，管理方式主要呈现为"村庄—村民"的模式，其中村委和村庄组织作为核心的管理主体，负责日常的垃圾分类。在村民自行进行初步分类后，清洁工进一步进行细化分拣，以确保垃圾分类的精确性。这一策略下，地方政府更多地作为一个间接的管理者，而核心管理活动大多在村庄内部进行。

随着"两定四分"策略的推广，这种管理模式发生了根本性的转变。在这一新策略下，村民和地方政府分别成为生活垃圾分类的行为主体和管理主体。村民需要按照明确的分类标准，将垃圾投放到指定的地点，而地方政府利用先进的在线监控和智能技术直接掌握垃圾分类的实时状况，从而实施更为直接和高效的管理。这种转变揭示了地方政府在农村生活垃圾分类中的干预和管理作用逐渐增强，标志着从间接式的管理转向了直接、科技驱动的管理模式。

3. 处理方式的转变

陆家村在生活垃圾分类与处理方面经历了显著的转变。这种转变不仅仅限于垃圾的前端分类，更涉及整个垃圾管理流程的中端运输和末端处理。在早期模式下，垃圾的收集和清运主要由清洁工负责，并在各村庄通过生物发酵技术进行分散处理。但随着新的管理模式的推广，清运工作由乡镇政府指定的专业公司承担，而易腐垃圾则被统一送至县级的处理中心。

这种处理模式的变化不但体现了陆家村在生活垃圾处理技术上的进步，而且揭示了更深层次的管理机制的转变：从原来的村庄自治方式，转向了由地方政府统一组织和协调的模式。在这一新模式下，地方政府对农村的生活垃圾管理进行了全面控制，从前端的垃圾分类，到中端的运输，再到末端的处理，所有环节均由地方政府主导。

4. 社会基础的转变

随着陆家村生活垃圾分类法从"两次四分"向"两定四分"发展，其背后的社会基础和影响机制经历了显著的变革。在这种转变中，影响链从"政府引导—村庄组织—村民分类"演变为"政府监管—村民分类"，这导致了以社会组织为中介的村庄力量不断被削弱。

首先，村干部，作为传统的权威和组织者，在新的垃圾分类模式下的角色逐渐被边缘化。在早期的模式中，村干部扮演着重要的角色，通过他们的权威和影响力引导和组织村民进行垃圾分类。但在"两定四分"的模式下，由于地方政府行政管理的介入，村干部的权威和影响逐渐减弱，村民不再依赖传统的人情、面子和关系，而是直接受到地方政府的监管。其次，村庄内部的社会组织网络也经历了重大变化。曾经，生活垃圾分类的推广和实施在很大程度上依赖党员联系户、妇女代表和村民代表等社会组织。然而，在新的模式下，这些社会组织的作用逐渐被弱化，生活垃圾分类的推进更多地依赖政府环境管理部门的统一考核和管理。最后，与村庄传统有关的非正式规范和村规民约在新的垃圾分类体系下逐渐失效。随着地方政府行政管理的介入，这些传统的、非正式的规范和惯例被政府的正式规章制度所取代。这种转变意味着农村的生活垃圾分类更多地依赖外部的正式机制，而非内部的社会动力。

（二）浙江桐庐县

桐庐县，位于浙江省的西北部，根据 2015 年的数据，该县的户籍人口达到 40.93 万。观察近年来的垃圾产出增长趋势，新建处理设施计划面临着"邻避效应"所带来的挑战，这为桐庐县带来了垃圾处理的紧迫性问题。为应对这一挑战，桐庐县于 2012 年采取了一系列策略，遵循"政府推动、群众主体、市场反哺"的原则，将重点放在占人口比例 69% 的农村区域。这一策略的目标不仅是实现垃圾的无害化处理，更进一步强调垃圾的减量化和资源化利用，从而在较大程度上解决垃圾分类、处置和资源化利用的问题。

国家统计局桐庐调查队的专项研究显示，桐庐县在垃圾源头分类工作上取得了显著的成果。从 2012 年 7 月的数据来看，生活垃圾的源头分类工作不理想，居民的垃圾收集和正确投放率仅为 35%。但到 2015 年 12 月，这一比例已经显著上升，超过 80%。这一数据足以证明桐庐县在垃圾处理和资源化利用方面的策略是行之有效的。

1. 前期：政府政策简便易行，村民培养垃圾分类兴趣

（1）宣传到点到位，村民逐渐了解意义。实现垃圾资源化的核心策略是源头分类，而关键参与者无疑是村民。桐庐县在推进垃圾分类的初期即明确了这一原则，采取了一系列综合宣传策略，确保村民充分理解分类的重要性，从而内化为日常习惯。为此，县政府启动了多渠道的宣传活动，如走访基层、组织"村干部、妇女、党员进农户"活动，以及"小手拉大手"和"分类进课堂"等教育项目。他们还编制了源头分类指导手册，并大量分发宣传单，确保每个农户都能获得相关信息。

宣传车进村宣讲的方式，通过挂起的宣传横幅直接将垃圾分类的信息传达给村民。更为有效的是，政府还定期组织村民参观垃圾资源化利用站，让他们直观地看到自家分类后的垃圾是如何转化为有机肥的，这种直观的体验极大地增强了村民的分类动力。而这些正面的实例进一步被村民间自发传播，形成了良好的社区效应。

在宣传策略上，桐庐县既强调了垃圾分类对"清洁乡村、美化环境、优化生活、资源再利用"的宏观生态环保价值，又突出了垃圾在未经处理时对环境产生的直接污染。这种双重论述旨在改变村民的传统观念，同时为下一代培养垃圾分类的意识，确保村民从宏观和微观层面都认识到垃圾源头分类的必要性。

（2）坚持简便易行，村民快速掌握分类技巧。在应对"如何分类"这一核心问题时，桐庐县政府深入洞察农村与城市的区别性。观察发现，农村中部分有经济价值的废弃物，如废旧金属和纸箱，已在农户层面得到回收和利用。因此，剩余的生活垃圾主要可以分为可堆肥和不可堆肥两大类。为了避免复杂的分类流程导致村民的疏离和反感，桐庐县采取了逐步推进的策略，坚守"简便易行、大类粗分"的原则。政府要求农户按单元将生活垃圾分为可堆肥和不可堆肥两类，并为每户提供标有详细分类信息的黄色和蓝色两个垃圾桶。利用当地方言的特点，蓝色与"烂"在桐庐话中为谐音，村民被指导将腐烂的垃圾放入蓝色垃圾桶，这一策略使得分类更为直观和易于记忆。这种简化的分类方法确保了村民快速掌握分类技巧，并激发了他们的分类兴趣。

2. 中期：政府建章立制，村民自治破解长效难题

（1）建立定岗定责制度，纳入村规民约。桐庐县针对农村垃圾分类管理，强调了镇村的责任主体意识，依据"有人管事、有章理事、有钱办事"的原则构建了明确的责任体系。这一体系通过建立从联村领导到村级收集员、管理员、巡查员和统管员的网格化四级管理责任体系，确保了日常管理的全面性和连续性。村级的"四员"岗位，全由村民担任，各自承担统计、巡查、组织和通报的职责，而村委会则定期公布检查结果并实行相应的奖惩

措施。为进一步增强环境保护意识，各村还积极成立了非营利性的村级环保协会，这些协会自发进行环境信息调研、宣传活动以及公益活动，努力为本村提供生态环保服务，并制止任何与农村生活垃圾相关的污染现象。目前，村级环保协会已在全县的183个行政村得到推广，并日常巡查垃圾分类情况。桐庐县的行政村已成功构建了结构明确、职责清晰的管理体系，并将其纳入村规民约中。

（2）建立源头可追溯制度，村民帮扶互助。桐庐县政府为每户村民提供的编号垃圾桶，确保了源头分类的追溯性。为提高垃圾收集和分类的正确率，政府采纳了与落后群体的结对帮扶策略，如"邻里帮扶"和"党员帮扶"。随着村民自治和分类意识的增强，政府进一步鼓励了网格化收集模式，允许村民直接向大型垃圾桶内投放，以提升收集效率。

（3）建立激励公示制度。桐庐县充分利用农村的熟人社会和传统关系网络，确立了以礼为准则的秩序机制。该县通过每日检查、打分和定期公示的方式，监督每户的源头分类情况。为了鼓励农户参与，县政府采用了"红黑板"制度，结合"积分兑换"和"星级评比"的奖励策略。这种奖励制度旨在提高农户的积极性。通过从邻里到镇级的"1+X"示范引领模式，桐庐县成功地形成了辐射效应，推广了垃圾分类的实践。

（4）建立督查考核制度，落实财政资金保障。桐庐县采取了一系列的评估和奖惩机制来保障垃圾源头分类的有效实施。这些措施包括定期的巡查、暗访和评比，以及在公共平台上公示表现优秀和表现不佳的村庄。这种公开的奖惩方法旨在鼓励村庄之间的健康竞争，提高整体的垃圾分类水平。为了支持这一工作，县财政设定了每人每年的资金保障，并根据每个村的分类绩效为其提供差异化的补助。这种方法不但确保了资金的合理使用，而且激励了村庄努力改进。这个系统的核心是一个由村民自主运作的自治体系，该体系依靠"宣传、激励、奖惩考核"三大机制，确保垃圾分类工作的稳固性和长期性。

3.后期：政府推行市场运作，村民获利促良性循环

（1）因地制宜，可堆肥垃圾成肥料。桐庐县采用了创新的垃圾处理策

略，将分类后的可堆肥垃圾和不可堆肥垃圾分别进行资源化处理和高温焚烧。这种策略不仅大幅降低了运输和处理成本，还确保了垃圾的高效和环保处理。针对不同的地理和社会条件，县内实施了两种主要的可堆肥垃圾处理模式：微生物发酵资源化处置和太阳能普通堆肥处置。这两种模式各有特点和适用场景，能够满足不同地区的需求。经过资源化处理的垃圾转化为有机肥，这种肥料既可以用于农田，也可以作为奖励提供给农户或供农业基地使用。这种直观的"变废为宝"效果进一步激发了农村居民参与垃圾分类的热情。

（2）发挥市场效应，触发绿色产业链。桐庐县针对垃圾有机肥的潜在需求，采取了一系列创新措施来优化垃圾资源化利用。该县结合科研机构的专业能力，进行了微生物发酵设施和菌种的研发，并引入第三方企业管理，建立了有机肥生产中心。通过科学的配比和试验，桐庐县生产的"世外桃源"牌农家土肥得到了市场的认可，并在浙江省多个销售点成功上架。这种有机肥的销售不但为当地带来了显著的经济效益，而且为垃圾分类的持续运营提供了资金支持。更为重要的是，桐庐县的这一策略不但提高了社区的生态文明意识，还成功构建了一个绿色生态产业链，为其他地区提供了一个可行的模型。

第五节　垃圾分类设施的规划、建设和管理

一、垃圾分类设施的规划

（一）需求分析

农村地区的垃圾产生特点与城市存在显著差异。农村的垃圾产生量可能相对较少，但种类可能更加复杂。例如，除了常见的生活垃圾，农村还可能产生农作物残留物、养殖废弃物等。因此，对农村地区的垃圾产生量和种类进行准确分析是规划的第一步。这需要对不同农村地区进行实地调查，了解垃圾产生的实际情况，包括产生量、种类、季节变化等。

（二）地点选择

地点的选择是垃圾分类设施规划中的关键。虽然农村地区通常有较广的土地面积，但仍然需要选择合适的地点。首先，设施应该位于居民集中的地方，以方便居民投放垃圾。其次，设施应该远离居民区，以避免对居民生活造成影响。再次，需要考虑到设施对周边环境的影响，例如，避免设施建在水源保护区或者生态敏感区域。最后，交通便利性也是一个重要因素，尤其是对于较大的垃圾分类处理中心，需要考虑垃圾车的进出以及后续的垃圾处理和转运。

（三）技术选型

农村地区的经济水平和技术支撑可能与城市相比相对落后，因此可能无法支撑高度自动化的垃圾分类设施。但这并不意味着农村地区不能实现有效的垃圾分类。相反，可以选择一些简单、易操作、低成本的技术来满足农村地区的实际需求。例如，可以采用手工分拣结合简单机械设备的方式来进行垃圾分类。针对农村特有的垃圾种类，如农作物残留物，可以考虑使用生物降解或堆肥的方式进行处理。技术选型应根据农村地区的实际情况，选择既经济又实用的技术方案。

二、垃圾分类设施的建设

（一）资金筹集

建设垃圾分类设施，尤其是在农村地区，需要一定的经济投入。农村地区的经济基础相对薄弱，导致大部分基础设施建设的资金来源都需要依赖外部。政府作为公共事务的主要管理者，其资金支持是确保项目顺利进行的关键。政府可以通过财政拨款、专项资金等方式为垃圾分类设施建设提供支持。但政府的资金往往有限，特别是在一些经济欠发达的农村地区。因此，吸引社会资本参与成为另一个重要的资金来源。可以通过公私合作伙伴关系（PPP 模式）、特许经营权等方式实现，还可以考虑通过绿色债券、绿色基金等金融工具吸引社会投资。无论资金来源如何，关键是确保资金的有效利用。这需要建立一个透明、公正、高效的资金管理和监督机制，确保每一分钱都用在刀刃上。

（二）施工管理

垃圾分类设施的建设质量直接影响到设施的运营效果和寿命。因此，施工管理是确保项目成功的关键。施工单位的选择非常重要。需要选择有经验、有实力、有信誉的施工单位，确保施工质量和进度。在施工过程中，监理单位的作用也不可忽视。监理单位需要对施工过程进行实时监控，确保施工质量、安全和环境保护。还需要对施工材料、工艺等进行检查，确保其符合设计要求和相关标准。与居民的沟通也是施工管理中的一个重要环节。因为施工过程可能会对居民生活造成一定的影响，如噪声、尘土等。因此，需要提前告知居民施工计划，听取他们的意见和建议，并在施工过程中尽量减少对居民生活的影响。

（三）设施测试

设施建设完毕后，不能直接投入使用，而需要进行一系列的测试。这是为了确保设施可以正常运作，达到预期的垃圾分类效果。首先，测试从设备的功能性开始，检查每一项设备是否能正常工作，是否存在缺陷或故障。其次，需要进行整体系统的测试。这包括垃圾的投放、分类、收集、运输等各个环节。测试的目的是模拟实际运营中可能遇到的各种情况，确保系统在各种情况下都可以稳定运作。最后，还需要对设施的环境影响进行测试。这包括噪声、排放、渗漏等因素。需要确保设施在运营中不会对周边环境和居民造成不良影响。

三、垃圾分类设施的管理

(一)运营管理

垃圾分类设施的管理核心在于持续、稳定的运营。农村地区的设施可能不如城市地区的先进，但其运营的重要性并不亚于任何先进设施。运营管理首先需要有一套完善的运营手册，明确各种操作流程和标准，以及应对突发情况的预案，如设备故障时的应急处理、极端天气条件下的操作调整等。定期的设备维护和保养也是确保设施稳定运营的关键。这包括定期更换易损件、清洁设备、检查设备的运行状态等。人员的培训和管理也很重要。需要定期为操作人员提供培训，确保他们掌握正确的操作方法，了解设备的工作原理，及时发现和处理问题。与其他相关部门的沟通协调也是运营管理的一部分。例如，与垃圾收运部门、环保部门、社区管理部门等进行沟通，确保垃圾分类设施的顺利运营。

(二)垃圾收运

农村地区的居民分散，与城市地区的高楼大厦、居民密集的特点不同。这给垃圾的收运带来了挑战。农村地区需要建立一个更加灵活的垃圾收运体系。使用小型的收运车辆，可以更方便地进入狭窄的道路或偏远的地区。考虑到农村地区的居民可能不太习惯定时投放垃圾，可以设置多个小型的垃圾投放点，方便居民随时投放。垃圾的收运时间也可以相对灵活，根据实际情况进行调整。但无论如何，关键是确保垃圾能够及时、有效地被收运，避免垃圾堆积、环境污染等问题。

(三)宣传教育

农村垃圾分类的核心在于居民的行为和参与度。居民的垃圾分类意识和行为直接决定了分类的效果。因此，宣传教育成为确保垃圾分类成功的关键因素。

媒体在宣传教育中扮演着重要的角色。电视、广播、报纸和社交媒体都是向居民传达垃圾分类信息的有效渠道。电视和广播可以通过定期的公益广告或特定的节目，将垃圾分类的重要性和方法传达给广大居民。报纸可以通过文章或专栏，深入解析垃圾分类的意义、背景和技巧。而社交媒体，尤其是在年青的一代中，成为宣传的主战场，通过短视频、图文、互动问答等形式，垃圾分类的信息更加生动、有趣且易于理解。组织活动也是提高居民参与度的有效方式。垃圾分类知识竞赛可以激发居民的学习兴趣，让他们在竞技中掌握分类知识。而垃圾分类示范活动则可以为居民提供一个实践的机会，让他们在实际操作中体验和学习。

农村地区的社会结构相对复杂，社区、学校和宗教组织都有其独特的社会影响力。与这些组织合作，可以更好地将垃圾分类的理念和方法传达给各个层面的居民。例如，社区可以在日常的管理中加强垃圾分类的宣传和教育，学校可以在课程中加入垃圾分类的内容，而宗教组织则可以在宗教活动中提及环保和垃圾分类的重要性。

（四）持续监测与改进

在垃圾分类设施的管理中，持续监测与改进不仅是提高效率的手段，更是确保设施长期稳定运营的必要条件。设施的运营情况、垃圾分类效果和居民的参与度都是影响垃圾分类成功与否的关键因素。因此，对这些因素进行定期的、系统的监测是必不可少的。

设备监测能够实时了解设备的运行状态，包括设备的工作效率、能耗、故障率等。这些数据为设备的维护、保养和更换提供了重要的参考。现场巡查则可以直观地了解设施的运营情况，包括垃圾的分类效果、设施的卫生状况、操作人员的工作态度等。而居民问卷调查则从居民的角度了解垃圾分类的实际效果，包括居民的分类意识、参与度、满意度等。根据监测结果，及时发现问题并进行改进是持续提高垃圾分类效果的关键。例如，设备频繁出现故障可能意味着设备已经达到了其使用寿命，或者存在设计上的缺陷。这时，更换新的、更先进的设备或改进设备的工艺是一个有效的解决方案。而居民参与度低可能意味着居民对垃圾分类的重要性认识不足，或者垃圾分类的方法不够明确。加大宣传教育的力度，提供更具针对性的培训和指导，是一个有效的解决方案。

第五章　生活垃圾分类的处置方法

第一节　厨余垃圾资源化利用

厨余垃圾是指居民日常生活及食品加工、饮食服务、单位供餐等活动中产生的垃圾和废弃食用油脂等。厨余垃圾中水分、有机物、油脂及盐分含量高,具有易腐烂、营养元素丰富等特点。[①] 全世界厨余垃圾约占市政固体垃圾总量的 30%～50%,其最主要的处理方式是填埋。

我国城市厨余垃圾的产生量已经达到了一个令人警觉的水平。据估计,每年的总产生量不低于 9 000 万吨。其中,大都市如北京和上海的日产量分别为 1 050 吨和 1 300 吨,且这个数字还在持续增长。这样大量的厨余垃圾给城市带来了巨大的处理和管理压力,因此,减量化管理已经上升到了重要的战略地位。厨余垃圾的组成相当复杂,但主要由食物垃圾、油脂、纸张、骨头、木头、织物、塑料和金属等组成。食物垃圾占据了主要比例,为70%～90%。这种组成特点决定了厨余垃圾具有高含水率,在 70% 以上。除此之外,厨余垃圾还具有其他特点,如高油脂含量（1%～5%）、高有机质（占干物质含量的 80% 以上）、粗蛋白约占干物质量的 15% 以及碳氮比通常为 10∶1～30∶1 之间。

---

① 杨治广.固体废物处理与处置 [M].上海:复旦大学出版社,2020:336.

一、厨余垃圾的组成和性质

厨余垃圾以有机质为主要成分，具有易腐烂、发酵发臭等特点[①]，它由家庭、餐饮服务、机关单位食堂以及集贸市场等多种渠道产生。主要的组成部分为各种食物残渣，也包括如家庭产生的小型树枝、花草和落叶等植物性废物。但在实际的收集和处理过程中，由于垃圾分类投放的不规范，厨余垃圾中往往夹杂各种不易降解的杂质，如塑料袋、餐具、纸类、布料、玻璃、陶瓷和金属等。

（一）化学成分

从化学角度分析，厨余垃圾主要由蛋白质、脂类、淀粉、纤维素和无机盐等基本生物分子组成。其中，蛋白质和脂类为主要的有机物来源，它们为微生物分解和转化提供了丰富的能源和营养；淀粉和纤维素则是碳水化合物的主要来源，它们在生物处理过程中同样起到了关键的作用。

（二）理化特性

厨余垃圾的理化特性主要表现为其"四高"的特点：油脂含量高、有机质含量高、盐分含量高和水分含量高。这些特性赋予厨余垃圾一种特定的物质构成和处理模式。

油脂含量高使得在处理厨余垃圾时需要特别注意其与设备的相互作用，因为油脂可能导致设备堵塞或降低处理效率。高油脂含量还可能引发火灾风险。有机质含量高意味着这些垃圾具有较高的生物降解潜力。这既是一个机会，因为有机质可以被转化为有用的资源，如生物气或堆肥，也是一个挑战，因为如果处理不当，它们会迅速分解并释放恶臭气体。盐分含量高可能对微生物活动产生抑制作用，从而影响厨余垃圾的生物处理效果。高盐分也可能对土壤和水体造成盐渍化，这对环境是有害的。水分含量高使得厨余垃

---

① 张子龙. 厨余垃圾资源化利用技术分析 [J]. 广东化工，2022，49（14）：120-121，144.

圾在收运和处理过程中更容易受到微生物和酶的影响，导致其迅速腐烂和变质。这种腐烂不仅会产生恶臭，增加处理难度，还可能形成有害的渗滤液，对地下水造成污染。

（三）地域性和时空差异性

厨余垃圾的组成和性质是动态变化的，受到多重因素的综合影响，其中地域性和时空差异性尤为显著。地域因素对厨余垃圾的组成产生深远影响。由于独特的文化背景、饮食传统和经济水平，不同地区的居民的生活习惯和饮食结构存在差异。例如，沿海地区的居民可能更倾向于食用海鲜，因此产生的鱼鳞、鱼骨等垃圾比例较高；而内陆地区的居民可能更多地消费粮食和蔬菜，导致蔬果残渣等软质垃圾比例较高。

时空差异性则体现在不同季节和时期厨余垃圾的产量和性质上。随着季节的变化，食材的选择和消费习惯也会发生相应的变化。例如，冬季由于寒冷的气候，人们可能更倾向于食用肉类和鱼类，从而导致鱼鳞、骨头等硬质垃圾增多；而夏季，由于温暖的气候，人们可能更多地选择新鲜的蔬菜和水果，因此软质垃圾如蔬果残渣的比例会上升。

这种地域性和时空差异性不仅增加了厨余垃圾处理的复杂性，也为其资源化利用带来了挑战。不同的地域和季节可能需要采用不同的处理方法和技术，以确保厨余垃圾得到有效、经济和环保的处理。因此，对厨余垃圾的特性进行深入的研究，结合地域和季节的变化，制定合适的处理策略和方法，对于实现其资源化利用和环境保护具有重要意义。

二、厨余垃圾的危害

厨余垃圾的危害如图 5-1 所示。

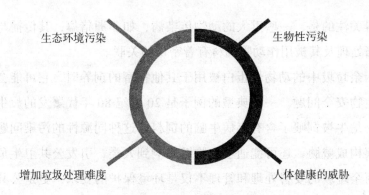

生态环境污染　　　　　　　　　　生物性污染

增加垃圾处理难度　　　　　　　　人体健康的威胁

图 5-1　厨余垃圾的危害

（一）生态环境污染

厨余垃圾的特性，尤其是其高含水量与丰富的有机质，使其在收运和处理环节具有易腐烂与变质的倾向。这种腐烂过程带来的直接后果是恶臭的产生，不仅严重影响周边环境的卫生条件，还为蚊虫鼠蝇等害虫提供了繁衍的场所，进而增加了疾病传播的风险。更为深远的影响是，腐烂产生的有机污染物，如化学需氧量、氨氮等，会以液态形式大量存在于由厨余垃圾产生的污水中。若这类污水未经适当处理而直接进入水系统或土壤，它将对生态环境构成长期和深层次的危害，导致水质劣化和土壤功能退化。

不仅如此，厨余垃圾的分解过程中释放的气体，包括二氧化碳和甲烷，都在加剧全球气候变化的问题。特别是甲烷，其对气候变化的潜在影响是二氧化碳的数十倍，这使得厨余垃圾的恰当处理与管理不仅是地方环境问题，更具有全球性的意义。因此，对厨余垃圾进行有效的管理和处理，不仅可以减轻地方环境压力，还可以为全球应对气候变化做出贡献。

（二）生物性污染

厨余垃圾中丰富的有机质为多种微生物提供了理想的生存和繁衍环境，从而使其成为潜在的生物污染源。这些有机物质为各类细菌、病毒和霉菌创造了充足的营养基质，进而导致致病性微生物数量的急剧增加。这种增加在一定程度上会增加疾病的传播风险，尤其是那些可以通过食物和水传播的疾病。值得关注的是，一些重大的动物传染病，如非洲猪瘟，其传播与餐厨垃圾的不当处理及其被用作动物饲料有着密切的关联。

当厨余垃圾中的动物性蛋白被用于其他牲畜的饲养时，它可能会引发一系列的生物安全问题。一个典型的例子是 20 世纪 80 年代爆发的疯牛病，其原因之一是牛被饲喂了含有疾病牛脑的饲料。这种同源性的污染问题不仅对动物健康构成威胁，还可能通过食物链影响到人类，引发公共卫生危机。因此，对厨余垃圾的妥善处理和管理不仅是环境保护的要求，更是公共健康和生物安全的重要保障。

（三）人体健康的威胁

厨余垃圾中的潜在危害因子对公共健康构成重大的威胁。这些垃圾中所含的致病性微生物种类繁多，其中金黄色葡萄球菌、沙门氏菌和结核分枝杆菌等已被科学研究证明与多种人类疾病有关。厨余垃圾还可能携带多种有毒有害物质，如黄曲霉素这类的霉菌毒素及铅、汞等重金属。这些物质在进入人体后，可能会对人体的神经系统、内分泌系统和免疫系统产生不良影响，导致长期的健康隐患。厨余垃圾中的油脂被不法商贩非法回收、提炼并再次用于食品加工是一个长期存在的公共健康问题。这种被称为"地沟油"的非法食用油，不仅含有大量有毒有害物质，还可能引发各种食品安全事件，严重威胁到消费者的健康。

（四）增加垃圾处理难度

当厨余垃圾与其他生活垃圾进行混合处理时，其特性和复杂性意味着处理过程的复杂化和成本的提高。其中一个显著的问题是生物降解性。厨余垃圾在卫生填埋场中迅速生物降解，导致大量甲烷气体的产生。甲烷，作为一种温室气体，对环境有害，并且在集中释放时可能会引起安全问题，如火灾或爆炸。当垃圾被送往焚烧发电厂时，厨余垃圾的存在同样带来了挑战。其高水分和低热值特性意味着它不是理想的焚烧物料。这导致了整体垃圾混合物的热值下降，从而需要更多的辅助燃料来维持焚烧温度。由于厨余垃圾在焚烧过程中可能释放更多的有机化合物和有害物质，这增加了烟气处理的难度和成本。

三、厨余垃圾资源化利用技术

厨余垃圾资源化利用是指采用物理、化学、生物等技术对厨余垃圾进行综合处理，使其转变为 CH_4、油脂、腐殖质、饲料等产品，从而实现资源循环再利用的过程。[①]

（一）厌氧消化

1. 厌氧消化的基本原理

厌氧消化是一种在无氧或缺氧条件下，通过厌氧微生物将有机物分解利用，进而转化为微生物细胞质、甲烷和二氧化碳等有价值的物质的生物化学过程。整个厌氧消化过程可以分为四个阶段：水解、酸化、产乙酸和产甲烷。

（1）水解阶段。在此阶段，厨余垃圾中的固体有机物，如碳水化合物、蛋白质和脂肪，会在水解酶的作用下转化为简单的溶解性物质，如多糖、多肽和有机酸。

（2）酸化阶段。这一阶段将短链有机质进一步降解为葡萄糖、氨基酸、挥发性脂肪酸等。

（3）产乙酸阶段。这一阶段主要将上一阶段产生的有机酸或醇类转化为乙酸等小分子物质，为产甲烷阶段的乙酸类细菌提供原料。

（4）产甲烷阶段。这是整个过程的最后一步，严格专性厌氧的产甲烷细菌将乙酸、一碳化合物和氢气、二氧化碳等转化为甲烷和二氧化碳。

2. 厌氧消化的优势

（1）能量回收：厌氧消化的主要产物是甲烷，它是一种高热值的燃气，可以作为能源进行利用。

---

① 张子龙. 厨余垃圾资源化利用技术分析 [J]. 广东化工，2022，49（14）：120-121，144.

（2）环境友好：由于整个过程在密闭容器内进行，不会产生渗沥液和臭气，对环境的影响较小。

（3）资源化利用：除甲烷外，厌氧消化还可以生产一些其他有价值的产品，如沼液，可作为肥料使用。

3. 厌氧消化的挑战

（1）投资较大：厌氧消化设备和系统的建设需要较大的初期投资。

（2）沼液处理：沼液是厌氧消化的一个副产品，需要进一步处理才能安全利用或排放。

（3）系统稳定性：为保证高效运行，厌氧消化系统需要严格的运营和管理。

（二）堆肥

堆肥是一种生物学方法，通过有益微生物的作用，将有机废弃物转化为肥料。对于厨余垃圾这样的有机物丰富的废弃物，堆肥提供了一种高效、环保的处理和资源化利用方式。根据处理条件和微生物的类型，堆肥技术可以分为好氧堆肥和厌氧堆肥。

1. 好氧堆肥

在好氧条件下，好氧微生物能够迅速和充分地分解厨余垃圾中的有机物。这个过程中主要产生的是二氧化碳、水和氨等无害物质。由于是在有氧条件下进行的，这种分解过程不会产生甲烷或其他可能导致温室效应的气体。好氧堆肥的最终产物是一种有机质丰富的土壤改良剂，它可以被直接用作肥料，对土壤进行改良和增加土壤的有机质。

好氧堆肥的优点如下。

（1）操作简便：不需要复杂的设备或技术，适合小规模和家庭式的处理。

（2）成本较低：由于其简便性，好氧堆肥的建设和运营成本较低。

（3）环境影响小：在处理过程中产生的臭气和渗沥液都较少。

（4）产品有用：最终产生的堆肥产品为土壤提供了有机物和营养，有助于土壤健康和植物生长。

2. 厌氧堆肥

与好氧堆肥不同，厌氧堆肥是在无氧或缺氧的条件下进行的。在这种环境下，厌氧菌对厨余垃圾中的有机物进行分解，主要产生的是二氧化碳、水、甲烷和腐殖质土。其中，甲烷是一种具有高热值的气体，可以被回收并用作能源，如焚烧发电。

厌氧堆肥的优点如下。

（1）能量回收：产生的甲烷可以被用作燃料，为能源回收提供了可能。

（2）高效率：厌氧菌能够分解的有机物种类较多，分解效率较高。

（3）减少温室气体排放：通过回收甲烷，可以减少温室气体的排放。

堆肥技术为厨余垃圾的处理和资源化利用提供了一种有效的方法。无论是好氧还是厌氧堆肥，它们都能将厨余垃圾转化为有价值的产品，如肥料或能源。考虑到环境、经济和社会的利益，堆肥技术在未来的厨余垃圾管理中应该得到更广泛的应用。

（三）食腐动物处理

食腐动物处理是一种独特而有效的方法，将厨余垃圾转化为有价值的资源。虻、蚯蚓、蟑螂和蝇等食腐动物体内所含的多种消化酶，如蛋白酶和淀粉酶，使它们能够迅速和高效地分解有机质。这种消化和分解过程不但可以减少垃圾量，而且可以产生富含营养的虫体，为进一步的资源利用打开了门户。其中，虫体的营养价值不可小视。它们富含脂肪和蛋白质，为生物柴油生产或动物饲料提供了有价值的原料。例如，这些虫体可以被用于饲养鱼类、家禽和其他动物，为它们提供高质量的蛋白质来源。除了饲料，虫体的某些部分还可以被用于生物制药，提取其中的有效成分。

食腐动物代谢产物，如排泄物，可以作为有机肥。这种有机肥不仅可以改善土壤结构，还可以为作物提供必需的营养元素，增加土壤的肥力。

黑水虻是处理厨余垃圾的理想食腐动物之一。其独特的优势，如易成活、适应性强、处理能力大、营养价值和生态安全性高，使它成为处理厨余垃圾的首选。并且，当黑水虻与好氧堆肥工艺结合时，效果更为显著。这种结合可以显著缩短堆肥周期，并提高堆肥产物的质量。

（四）饲料化

厨余垃圾饲料化处理技术是一种将厨余垃圾转化为富含营养物质的饲料的方法，该方法涉及分选、粉碎、脱水、脱脂和微生物发酵等过程。厨余垃圾由于其丰富的有机营养成分，为禽畜养殖提供了潜在的饲料来源。然而，饲料化处理的过程中存在着同源性污染的风险。国内典型的饲料化工艺实际上是将生物蒸干与生物发酵结合，这种方法在微生物发酵过程中可能无法充分降解厨余垃圾中的动物源性成分，因此，当这种饲料被用于动物养殖时，可能会产生同源性污染。为解决此问题，可以将厨余垃圾粉碎、脱水后混合接种酵母和微生物种群进行固体发酵。这种方法可以将厨余垃圾更有效地转化有机物，并减少同源性污染的风险。在选择和实施厨余垃圾饲料化处理技术时，需要充分考虑到这些潜在的风险和挑战，确保饲料的安全和质量。

（五）协同焚烧

厨余垃圾协同焚烧技术采用了与垃圾焚烧发电厂的合作模式，通过共建设施实现厨余垃圾的高效无害化处理。在这一处理过程中，厨余垃圾首先经过三相分离预处理，将其分为固态残渣、油脂和污水三个部分。固态残渣与其他生活垃圾合并，送往焚烧炉进行高温焚烧，旨在彻底消除有害物质并减小垃圾体积。热能释放出来，可以进一步用于发电或其他能源利用途径。油脂部分则经过提纯，转化为毛油，这种毛油具有很高的能量价值，可以进一步加工成为生物柴油，作为可再生能源提供给市场。污水部分包含了大量的溶解有机物和无机盐，需要送往专门的污水处理系统进行深度处理，确保其排放达到环保标准。整体上，协同焚烧技术不仅实现了厨余垃圾的高效无害化处理，还为资源循环利用打开了新的可能，为未来垃圾管理提供了新的方向和思路。

第二节　可回收物处理

全民"垃圾分类"热潮下,"四分类"中的可回收物,是垃圾资源化和效益化的代表。[①] 多年来,可回收物的资源化体系在环卫企业与"拾荒大军"之间的竞争关系中面临困境。近年来提出了"两网融合"的策略,目标是整合这两大力量以实现资源循环。经过一段时间的实验和探索,确实形成了一些具有代表性的"两网融合"发展模式。然而,必须明确指出,一些非专业的运营公司在探索过程中逐步偏离了初衷,使废弃物回收变得商业化,失去了其原有的环保意义。传统环卫企业由于受到体制、机制和完整产业链缺失等制约,在此领域的作用受到了限制。笔者根据长期研究和实践,提出了一种新的策略:首先,前端采用智能化的回收方法;其次,中端强调精细化的分选技术;最后,末端依赖资源化利用处理设施。这三者合作,形成了一个完整的可回收废弃物资源化利用体系。

一、可回收物资源化实践中的挑战

（一）传统再生资源利用体系

传统的再生资源利用体系主要针对垃圾中的高价值回收物,这些回收物大约仅占垃圾总量的20%。尽管许多废弃物在理论上具有再生利用的潜力,如塑料袋、多类别塑料制品、食品包装、废旧衣物、皮革和玻璃制品等,但由于它们的成分复杂、再生难度增加以及附加值较低,这些物质并没有吸引足够的业界关注。这些废弃物由于分拣难度较大,往往无法被纳入传统的回收体系中。这些低价值的废弃物最终被送往填埋场或焚烧厂进行处理。

这种基于经济价值来分类废弃物的方法并不是最佳的资源化利用策略。

---

① 刘剑鑫,韩玥."垃圾分类"大背景下构建可回收废弃物资源化处理体系的措施 [J]. 化学工程与装备,2022（5）:274-275.

只强调回收高价值物质而忽略其他废弃物的处理，无法达到真正的资源循环和全面利用的目标。对垃圾的资源化处理不应仅仅基于其市场价值，而应考虑全面、综合的再利用策略，确保每一种物质都得到合适的处理，实现其最大的价值和功能。

（二）垃圾分类智能回收模式

垃圾分类智能回收模式，借助互联网思维和技术手段，试图提高废弃物管理效率和居民参与度。尽管智能回收柜通过其现代化的设计和诸如积分兑换、广告投放等机制，成功地吸引了居民的积极参与，但该模式仍然面临一些挑战。

首先，该模式的固定资产投入巨大，从而产生了高昂的设施运维成本。大规模的智能设备部署导致了资金流动性的压力，而设备的维护和人为破坏也增加了运营的复杂性，这与互联网思维的轻量化、低成本原则存在矛盾。

其次，目前的智能回收模式缺乏一个稳定且合理的盈利模式。许多企业在面临政府补贴和废弃物销售收入难以覆盖成本的情况下，不得不依赖回收柜体的额外商业化功能，如广告投放，这种模式的持续性受到质疑。

最后，智能回收企业在废弃物管理体系中的角色并不明确。尽管名为"智能回收"，但其实际操作更像一个高级的"收废品"机制。对于厨余垃圾、其他垃圾和低价值回收物，这些智能设施并没有提供有效的解决方案，导致主流的生活垃圾仍然依赖传统的环卫体系进行处理。

二、构建可回收废弃物资源化体系的措施

可回收物资源化体系需要前端、中端、末端共同发力。一是前端分类回收不能单打独斗，要适时与垃圾收运网络进行融合，既要发挥居民参与作用，也要利用创新的激励效果，实现高价值和低价值可回收物的梯度回收；二是在中端环节做文章，重点在生活垃圾转运环节进行分类打包，通过中端分类弥补前端分类的不足；三是构建可回收物末端处理能力，末端处理企业

要通过市场化运营实现经济效益，也要享受到垃圾处理补贴红利，将可回收物处理纳入垃圾处理的整体布局中。[①]

（一）前端的分类回收是体系的基石

在建立一个有效的可回收物资源化体系中，前端回收作为整个链条的起始环节，其重要性不容忽视。为了实现资源的最大化利用并减少环境影响，这一环节必须与城市环卫的垃圾收运体系无缝衔接，确保垃圾从产生的源头开始就进入合适的处理流程。

传统的回收体系往往存在一个显著的问题，即对不同价值的回收物采取相同的处理方法，导致了资源浪费和经济效益的下降。为了解决这一问题，建议采用梯度性回收模式，根据不同物品的经济价值和可回收性进行差异化处理。对于高价值的回收物，如饮料瓶、废纸壳、废金属等，可以通过智能回收设施进行回收。通过设置激励政策，如积分兑换或奖励制度，鼓励居民进行分类投放，这样不仅可以确保物品的分类清晰，还可以避免由其高价值导致的拾荒者之间的竞争。对于这类高价值物品，可以建立一个专用的收运网络，确保其被精准地处理，并最大化其经济价值。

而对于低价值的回收物，可以采用更为常规的垃圾分类桶进行回收。考虑到这些物品的经济价值较低，它们不需要经过复杂的处理流程，但依然可以通过"两网融合"的方式进行分类收运，确保资源得到一定程度的利用。

这种梯度化的回收体系不仅可以提高整体的回收效率和经济效益，还可以为运营企业带来竞争优势。通过差异化处理，企业可以有效地区分和利用不同价值的资源，同时形成对拾荒者的壁垒效应，减少外部竞争，确保资源的稳定供应。

[①] 刘剑鑫，韩玥．"垃圾分类"大背景下构建可回收废弃物资源化处理体系的措施 [J]．化学工程与装备，2022（5）：274-275.

（二）中端环节的作用是连接前端的回收与末端的处理，确保资源的连续性和完整性

中端分类，作为可回收物资源化体系中的关键环节，具有至关重要的作用。尽管前端分类可以作为回收的初步步骤，但由于其局限性，往往只能达到"粗分类"的效果。因此，中端环节中的精确分选和打包，实际上是真正实现资源化回收的核心所在。

在整个垃圾收运和处理流程中，中端集中转运过程扮演了一个至关重要的角色。为了有效实现前端收运体系与下游处理基地之间的无缝连接，在"两网融合"理念下，中端分类打包环节必须进行统一规划和建设。这意味着需要构建一体化的分选设施，并实施工业化的精确分选和分类打包。此种集约化操作不仅可以高效地连接收运体系和下游处理平台，还能对低价值回收物进行有效的分类处理。

以废塑料为例，这是生活垃圾中的主要组成部分，也是具有巨大再生利用潜力的资源。虽然某些特定类型的塑料，如塑料瓶，可以进行高价值回收，但绝大多数的塑料垃圾都与其他垃圾混合在一起。据统计，废塑料在北京市的生活垃圾中占比超过 20%，这意味着北京每天产生的生活垃圾中，废塑料的数量超过了 8 000 吨。假设其中只有 4 000 吨被实际分选出，并以 30% 的出成率制成再生颗粒，那么按照市场上的较低单价进行计算，其产值将达到约 240 万元 / 天。这相当于通过中端的精分选，仅仅依靠废塑料这一项，就可以创造一个年产值接近 8 亿元的企业。此外，考虑到这种再生颗粒可以减少对石化资源的依赖以及降低碳排放，其环境和经济价值将更为显著。

（三）末端处理是实现可回收物资源化的关键环节

末端处理是可回收物资源化体系中的终结环节，其处理方式和效率直接决定了资源化利用的最终效果和可持续性。在可回收物的末端处理中，处理策略应因不同的回收物属性，确保各类物资的最大化利用。

高价值回收物，由于其在工业生产中作为补充原料的潜力，应被视为具

有持续商品属性的材料。它们不仅可以直接进入生产链，还可以为工业生产提供高质量的原材料。而低价值回收物，尽管其单体价值较低，但在数量庞大的情况下，仍然可以作为高价值回收物加工的补充。通过技术和工艺的创新，这些低价值回收物可以转化为低成本的工业原料，为下游企业提供更加经济的选择。

考虑到城镇生活垃圾中可回收物的多样性和所占比例，建议建立综合性的处置设施，即资源利用园区。这样的园区可以根据不同的回收物特性和需求，布局多个专门的处理车间，确保各类回收物得到合理和高效的处理。通过自主运营或与合作伙伴共建的模式，资源利用园区能够充分发挥其综合效益，实现多种回收物的高效转化。

更为关键的是，为了确保低价值回收物的有效处理，政策补贴应与湿垃圾和其他垃圾保持一致。这一政策变革有助于解决传统回收体系中只关注高价值回收物资源化的问题。通过这种方式，预计在传统体系的基础上，资源化率至少可以提高 50%。

第三节　有害垃圾处理

一、有害垃圾处理的现状

有害垃圾处理是当前环境保护和资源循环利用的重要议题。根据现有资料，我国对有害垃圾的处理方法主要包括无害化处理和资源化再利用两大方向。

（一）无害化处理

（1）高温焚烧：这是一种常用于处理有机物含量高的有害垃圾的方法。通过高温焚烧，有害垃圾的物理、化学、生物性质和物理组成都将发生变化，从而达到无害化处理的目的。例如，处理完全无用的过期药品和废杀虫剂通常会选择这种方法。然而，这种方法的一个挑战是焚烧后产生的炉渣和飞灰也是危险废物，它们需要进一步的固化或稳定化处理后才能被安全填埋。

（2）固化填埋：这种方法主要用于处理那些有潜在的有害物质迁移风险的垃圾。通过与水泥等物质混合搅拌，有害垃圾被转化为稳定的固化块，然后在特定的区域进行填埋。例如，低含汞量的废电池通常会使用这种方法。

（二）资源化再利用

（1）药品：有些过期药品在处理后仍具有一定的价值。例如，它们可以被加工成兽药或在其他工业领域中重新利用。

（2）废电池：根据电池的种类和成分，可以采用火法、湿法冶金工艺或固相电解还原技术来回收其中的有价值成分，如铜、铝、镍、塑料和石墨。例如，镍电池中的镍和镉可以通过干法和湿法技术进行回收，而高含汞电池和锂电池则需要结合火法和湿法技术。

（3）废荧光灯管：为了回收其中的汞和荧光粉，废荧光灯管通常采用干法直接破碎和切端吹扫工艺。

有害垃圾处理在我国已经形成了一套相对成熟的体系，既确保了有害物质的安全处理，又实现了资源的循环利用。然而，这个领域仍然需要不断的技术创新和政策支持，以应对日益增加的有害垃圾处理需求并提高资源化利用的效率。

二、有害垃圾处理收集方法

有害垃圾，作为一种特殊的废弃物类别，因其固有的潜在危害，对环境与公共健康的影响，已经成了环境管理领域的焦点。它的科学管理和处理，不仅仅局限于垃圾的最终处理，更涉及从源头到末端的整个管理链条。

（一）定点收集

有害垃圾的管理和处理是环境治理中的一项关键任务，其重要性在于有害垃圾中所含有的潜在有毒物质可能对环境和公共健康产生不良影响。在此背景下对有害垃圾的收集和管理采取了多种策略。其中，设立专用的有害垃圾收集点已经成了一种普遍的做法。这些专用收集点被精心设计并配备了专门的收集容器，并通过明确的标识来引导和教育公众正确地分类和处理有害垃圾。此种方式不仅确保了有害垃圾得到安全和有效的收集，还有助于提高公众的环保意识和参与度。

为了更大范围地覆盖农村各个区域，移动有害垃圾收集车的使用也日益受到重视。这种策略的核心在于它的灵活性，可以根据实际需要定期或不定期地服务于不同地点，确保居民在指定的时间和地点能够方便地交付有害垃圾。这种模式为那些没有固定收集点或距离较远的地区提供了一个有效的解决方案，进一步保证了有害垃圾的全面、及时收集。

（二）上门收集

在有害垃圾管理策略中，上门收集是一种重要的补充手段，针对大规模产生有害垃圾的单位或家庭提供定制化的服务。这种方法考虑到了特定群体或场所产生的有害垃圾量可能远超一般家庭或单位，因此采用传统的固定收集点或移动收集车可能无法满足其实际需求。上门收集服务的核心优势在于其高度的个性化和针对性，能够确保大量有害垃圾得到及时、高效的处理。预约制度是上门收集服务的关键组成部分，它确保了收集工作的有序进行。通过预约，收集单位可以获得关于有害垃圾种类、数量和特性的准确信息，从而更好地准备所需的人力、车辆和工具。这也为产生有害垃圾的单位或家庭提供了充分的时间，确保有害垃圾得到适当的包装和标记，减少了在收集和运输过程中的潜在风险。上门收集不仅提高了有害垃圾管理的效率，还有助于提高相关单位和家庭的环保意识和责任感。与收集单位的直接互动为居民提供了一个了解和学习如何正确处理有害垃圾的机会，从而推动了整体的环境管理和保护工作。

（三）回收箱系统的广泛覆盖

在垃圾管理策略中，回收箱系统的广泛覆盖被视为一种核心手段，因为它给日常生活中产生的有害垃圾提供了一个连续、稳定的解决途径。这种系统的设计与布局旨在实现对公众的最大便利，从而鼓励并促进正确的有害垃圾处理习惯。广泛覆盖的回收箱系统不但使得每个社区、商业区和公共场所都能够轻松访问到有害垃圾回收设施，而且通过密集的分布和明确的标识，它进一步提高了公众的回收意识和参与度。一个有效的、广泛覆盖的回收箱系统还有助于防止有害垃圾的非法丢弃。由于人们可以方便地在附近找到专门的回收容器，随意丢弃有害垃圾的行为将大大减少，从而有助于维护生态环境和公共健康。

为确保系统的有效性，回收箱的设计、标识和教育宣传也至关重要。通过明确、可理解的标识和教育宣传，公众可以更准确地了解哪些物品应被视为有害垃圾，以及如何正确地处理它们。这不仅确保了垃圾的正确分类，还有助于提高回收的质量和效率。

（四）生产者回收责任制

生产者回收责任制为环境保护提供了一种创新和高效的管理方法。这一制度的核心理念是将环境成本纳入产品的全生命周期，从设计、生产、使用到废弃处理，确保生产者对环境影响承担起相应的责任。以下是生产者回收责任制深远意义的学术论述。

生产者回收责任制首先改变了传统的垃圾管理思维模式，使环境保护与经济发展紧密结合。在这一制度下，生产者不仅要关心产品的功能和价格竞争力，还要确保其环境友好性，这促使他们在产品设计和生产过程中采取更为环保的策略。例如，生产者可能会选择使用可回收或可生物降解的材料，或者减少有害物质的使用，从而使产品在废弃后更易于处理或再利用。生产者回收责任制也为创新和技术进步提供了动力。为满足环境标准和降低处置成本，企业可能会投资研发新技术或采纳最佳实践。这不仅有助于提高资源效率，还可以促进绿色技术和环保产业的发展。

生产者回收责任制鼓励企业与其他利益相关者，如供应商、消费者和回收机构，建立合作伙伴关系。这种跨部门的合作模式有助于分享知识、提高资源利用效率和降低管理成本。从宏观层面看，生产者回收责任制有助于形成一个更为循环的经济模型，其中资源的使用和再利用得到最大化，而废弃物的生成得到最小化。这一模型不仅有助于减少对自然资源的依赖，还有助于减少温室气体排放和其他环境污染，从而有利于实现可持续发展的目标。

三、暂存点的设置

在农村地区，由于居住点相对分散，人口密度较低，传统的城市式垃圾处理模式可能不太适用。因此，设置有害垃圾的暂存点在农村地区的有害垃圾管理中具有关键性作用。

农村地区的有害垃圾处理面临的主要挑战之一是收集和运输。由于农村地区的交通和基础设施通常不如城市发达，直接从每个家庭收集有害垃圾可能既不经济又不高效。为了解决这一问题，暂存点的设置起到了桥梁的作用。这些暂存点位于农村社区的关键位置，方便居民将有害垃圾送达，并确保垃圾在适当的条件下被妥善存储，直到它们被送往最终的处置地点。

暂存点的设置还可以提高农村居民对有害垃圾处理的认识和参与度。通过在暂存点设置明确的标识和提供相关的教育材料，可以提醒居民正确分类和处理有害垃圾。此外，暂存点还可以作为信息交流和教育活动的中心，提高社区对有害垃圾处理的关注度和支持度。

从经济的角度看，暂存点的设置可以实现规模经济。与从每个家庭单独收集相比，集中在暂存点的有害垃圾可以减少运输和处理的成本。此外，暂存点还可以为农村地区引入先进的垃圾处理技术和方法，如预处理和分类，从而提高整体的处理效率。然而，暂存点的设置也需要考虑到环境和健康风险。为确保垃圾不会对环境或公共健康造成威胁，必须采取适当的措施来管理和维护暂存点。这包括确保垃圾被正确存储、防止污染物泄漏，以及定期检查和清理暂存点。

四、具有资质的企业集中处理统一处置

在农村地区的有害垃圾处理中，将垃圾交由具有资质的企业进行集中处理和统一处置是实现资源和环境双重效益的关键途径。农村地区的生态环境

相对脆弱，而不当的垃圾处理方法可能会对土壤、水资源和生物多样性产生长期的负面影响。因此，确保有害垃圾得到妥善处理是至关重要的。

具有资质的企业，由于其在处理有害垃圾方面所具备的专业知识、技术和设备，能够确保垃圾得到科学、规范和高效的处理。这些企业通常遵循严格的行业标准和法规，确保在整个处理过程中达到环境保护和公共健康的最高标准。此外，这些企业还能够利用先进的技术和方法将有害垃圾转化为有用的资源，如能源或再生原料，从而实现垃圾的资源化利用。

由于农村地区特有的地理、社会和经济条件，选择合适的有害垃圾处理企业以及与之建立稳固的合作关系是实现可持续垃圾管理的关键。并且，通过与这些企业的合作，农村地区可以节省大量的资金和资源，避免重复建设和运营垃圾处理设施。具有资质的企业还能为农村地区提供技术支持和培训服务，帮助当地社区提高垃圾分类、收集和预处理的效率。这种合作模式不仅能够确保有害垃圾得到妥善处理，还能促进农村地区的经济发展和技术进步。

五、有害垃圾处理的建议

（一）制定完善有害垃圾处理的保障制度

应确保所有的行动和决策都基于明确、统一和科学的标准。制定统一的管理规范和流程是确保所有参与者，无论是政府机构、企业还是公众，都能够明确了解他们在整个垃圾管理过程中的责任和角色。这不仅可以确保有害垃圾得到适当的处理，还可以防止可能的风险和危害。通过明确各个环节的责任主体，建立多层级、多部门的专门管理体系，可以确保有害垃圾从产生到处置的每一个环节都得到有效的监管和管理。此外，加大法律的惩治力度，强化环境执法，是确保在有害垃圾处理过程中法律法规得到严格执行的重要措施。当法律和制度得到严格执行时，可以确保有害垃圾的处理不仅满足环境保护的要求，还能实现资源的高效利用。

（二）全面开展有害垃圾宣传活动，加强认知教育

应采取各种方式，根据不同居民群体的特点，提高他们对有害垃圾分类知识的了解。在早期的教育阶段，如义务教育，加强环境教育可以帮助培养居民对垃圾分类的意识，从而形成持续的垃圾分类习惯。对于那些受教育程度不高的居民，由于他们在日常生活中对垃圾分类知识的了解主要来自宣传活动，所以在街道和社区加强宣传活动是至关重要的。通过使用电子显示屏、宣传栏等公共场所的设施，以图画和视频等易于理解的方式，可以有效地传达垃圾分类的重要信息。对于年纪较大的居民，他们对垃圾分类的了解和行为可能相对较少，但他们通常更喜欢使用纸质刊物。发放有关垃圾分类知识的手册可以帮助他们更好地了解和实践垃圾分类，从而培养和强化他们的分类习惯。通过这样的综合策略，可以确保所有居民都能够参与到有害垃圾的正确分类和处理中，从而实现有害垃圾管理的目标。

（三）完善有害垃圾基础设施建设

为了确保农村有害垃圾得到有效管理，基础设施的完善是不可或缺的环节。尤其在农村地区，考虑到资源和技术的限制，这一点尤为关键。具体到有害垃圾收集箱的配置，必须根据社区的具体情况，如人口数量、服务半径和垃圾的日产量来进行科学的布局。这样的配置不仅能确保有害垃圾得到及时收集，还能使得收集过程更加便捷，从而增强居民的投放意愿。更重要的是，为了防止不同类别的危险废物混合投放，收集箱应设计为分类投放模式。这一措施旨在减少由于混合投放造成的复杂化处理流程和潜在的二次污染。例如，当易燃废物与腐蚀性废物混合，可能会引起化学反应，增加处理难度并可能产生更多的有害物质。因此，确保有害垃圾在最初的收集环节就得到正确分类是至关重要的。这不仅有助于提高处理效率，还能确保处理过程的安全性。

（四）建立健全有害垃圾分类回收处置全过程监管配套体系

在农村地区，由于资源、技术和管理的局限性，有害垃圾的处理面临更

大的挑战。为了确保有害垃圾得到适当的分类、收集、运输和处置，需要建立一套完善的监管体系。这个体系应包括对居民投放有害垃圾的奖惩制度，从而鼓励居民正确分类投放，并对不能正确投放的居民收取额外费用以覆盖由此产生的额外处置成本。此外，主管单位应加强对有害垃圾收运企业的监督，确保其遵循相关规范和标准，避免有害垃圾在收集、运输和处置过程中的混投、混收、混运和混合处置。这不仅有助于提高处置效率，还能确保整个过程的安全性。通过奖励那些遵循规范的企业和惩罚那些违规的企业，可以进一步推动末端处置设施的建设和完善。

（五）提高有害垃圾处置水平、发挥市场调节作用

在农村有害垃圾处置领域，提高处置水平并确保环境安全是至关重要的。为了达到这个目标，充分发挥市场的调节作用和推动技术创新显得尤为关键。首先，技术创新是提高有害垃圾处置效率和综合利用的基石。鉴于此，应加强对有害垃圾综合利用处置技术的研发投入，鼓励有条件的企业进行相关技术研究，进而提高综合利用的效率和经济性。其次，市场机制在提高有害垃圾处置效率和质量中起到了不可或缺的作用。引入良性的竞争机制可以刺激企业提高服务质量，降低处置成本，从而提供更加高效和经济的服务。为此，应避免行业垄断，确保市场中的竞争是公平和透明的，从而为所有参与者创造一个公平的竞技场。营造一个良好的市场环境不仅能够吸引更多的企业参与有害垃圾处置，还能够充分激发市场的活力，从而更好地服务于农村有害垃圾处置的长远目标。

（六）对有害垃圾进行分别处置

处置有害垃圾时，考虑其性质和经济价值是至关重要的。根据垃圾的特性，它们应当被适当分类，并根据其再利用潜力采取相应的处置方法。例如，一些有害垃圾，如废电池和废荧光灯管，由于其中含有可以回收并再利用的有价值的物质，应当被视为宝贵的资源并进行资源化利用。这种处置方式不仅可以回收有价值的原料，降低对新原料的需求，还有助于对环境的保

护，减少对自然资源的开采。对于那些经确定没有再利用价值的有害垃圾，如某些废药品和废杀虫剂，其处置的重点应当是确保其无害化，以防止对环境和人类健康造成进一步的威胁。这通常涉及高温焚烧或其他技术手段，以彻底消除有害物质的存在。

然而，要确保有害垃圾处置的最佳实践，单靠现有的知识和技术是不足够的。持续的研究和讨论是必要的，以确保处置方法既科学又合理。随着技术的进步和新研究的出现，有害垃圾处置的策略和实践也应当适时地进行调整和优化，确保它们始终是最有效和最安全的。

第四节 其他垃圾处理

一、填埋

（一）填埋的定义

填埋处理，作为城乡生活垃圾中最基本的处理方式，旨在有效地管理和处理各种废弃物，确保它们不会对环境和人类健康造成负面影响。填埋处理的核心是一个简单而又古老的概念：将垃圾物理地隔离，隐藏在地下，以减少其对环境和景观的影响。

垃圾填埋的背后，其实蕴含了一个复杂的生态和微生物过程。当垃圾被埋入地下后，其内部的微生物开始活跃地分解有机物质。这些微生物，如细菌和真菌，开始分解垃圾中的有机成分，将其转化为更简单的化合物。这一过程不仅减小了垃圾的体积，还将其转化为更稳定、无害的化合物，如二氧化碳、甲烷和水。与原始的垃圾相比，这些化合物更不可能对环境产生负面影响。但不是所有的垃圾都能被微生物完全分解。有些物质，如某些塑料和有毒废料，可能需要数百年甚至更长时间才能完全分解。因此，填埋处理并不只是简单地埋藏垃圾，而是需要深入考虑其长期的环境影响。

（二）填埋处理的分类

填埋处理作为垃圾处理的一种基本方法，在历史的长河中一直被人们采用。随着时间的推移和技术的进步，填埋处理也经历了从传统到现代化的发展。

1. 传统填埋

在早期，传统填埋是主要的垃圾处理方式。这种方法简单且易于实施。人们通常会找到一个自然的低洼地，如坑洼或塘地，将垃圾直接堆放进去。由于当时对环境保护的认识有限，这种方法往往不进行任何后续处理，如掩盖、灭菌或除臭。但随着时间的推移，这种处理方式的缺点逐渐显现。暴露在外的垃圾受到风吹雨打，容易产生漏液，这种液体会渗透到土壤和地下水中，导致水土污染。未掩盖的垃圾也会吸引害虫和动物，从而带来各种健康和环境问题。

2. 卫生填埋

相对于传统填埋，现代的卫生填埋则是一个更加先进和系统的方法。这种方法的主要目标是最大限度地减少垃圾对环境的影响。通过采用特定的工程技术，如设置防渗层和收集漏液系统，卫生填埋可以有效地防止垃圾对土壤和水体的污染。卫生填埋还注重垃圾的压实和覆盖，以减少垃圾的体积和防止害虫的滋生。随着技术的进步，卫生填埋还可以利用其中产生的沼气进行能源回收，如发电，实现资源的再利用。

在我国，卫生填埋已经成为主要的垃圾处理方式。据统计，大约有70%的城市垃圾采用这种方法。一些大城市，如北京、上海和广州，已经建立了大型的卫生填埋场，每天可以处理数千吨垃圾。这些填埋场不仅具有高效的处理能力，还配备了先进的环保设备，如气体收集和处理系统，确保垃圾处理的环境友好性。

（三）填埋的挑战和建议

环境污染问题是填埋处理最为关注的领域。垃圾在填埋过程中会产生大量的漏液。这种液体含有多种有机和无机污染物，如果没有得到妥善处理，便会渗入土壤，进一步污染地下水。长时间下来，土地将丧失其生态功能和农业价值，而污染的地下水则可能成为人们饮用水的来源，对人类健康产生严重威胁。

另一个挑战是由填埋垃圾产生的气体，主要是甲烷和二氧化碳。这些气体在特定条件下具有易燃性，可能导致火灾或爆炸。此外，甲烷是一种强效的温室气体，其温室效应是二氧化碳的数倍，因此，未经处理的填埋气体对全球气候变化也存在潜在威胁。

面对这些挑战，有必要重新审视和完善填埋处理的技术和管理方法。技术上，可以考虑采用防渗膜、漏液收集和处理系统，以及填埋气体的收集和利用技术。管理上，应加强填埋场的设计、建设和运营管理，确保其达到相关的环保和安全标准。从源头上减少垃圾的产生和进一步推进垃圾分类、减量和资源化处理，也是应对这些挑战的有效手段。

二、焚烧

（一）垃圾焚烧处理的优点及在农村的重要性

焚烧处理，作为一种高效的垃圾处理方法，其在农村生活垃圾管理中的应用具有重要的意义。这主要归因于以下几个方面。

1. 快速的垃圾无害化与稳定化

高温燃烧过程能够破坏垃圾中的大部分有机化合物，包括多种潜在的有毒物质和致病性微生物。这种高温条件确保了垃圾的无害化，大大降低了其对环境和人类健康的风险。燃烧后所得的固体残渣性质稳定，易于存储和处理。

2. 显著的减容与减量效果

农村地区，尤其是在土地资源有限的情况下，垃圾处理的空间需求可能成为一个关键的问题。焚烧处理可以显著地减小和减轻垃圾的体积和重量，达到减容 90% 和减量 75% 的效果。这不仅减少了土地的占用，还有助于延长填埋场的使用寿命。

3. 热能回收与资源化

垃圾焚烧过程中释放的热量是一个宝贵的资源。农村地区，尤其是在能源短缺的情况下，这种热能可以转化为电能或供暖用途，为当地社区带来实际的经济效益。焚烧过程中产生的气体，如二氧化碳，也有潜在的利用价值，如作为植物养分或进行碳捕获和存储。

4. 环境与健康风险的降低

未经处理的垃圾往往是疾病的滋生地，吸引害虫和病原体。焚烧处理通过高温破坏这些有害生物，大大降低了其对农村居民健康的威胁。焚烧处理还能够有效地消除垃圾的恶臭，提高农村的生活环境质量。

（二）焚烧处理的挑战及对农村的影响

焚烧处理，作为一种现代化的垃圾处理方式，已经在许多城市得到广泛应用。然而，当这种处理方法被引入农村地区时，它所面临的挑战和影响变得尤为突出。

1. 二次污染的风险

焚烧过程，尽管能够有效地消除大部分有机物质，但在高温条件下，某些物质可能会产生有害的化合物。特别是在不完全燃烧的情况下，可能会产生多环芳烃、二噁英等有毒物质。这些物质随着烟气排放到大气中，对农村的空气质量产生影响。焚烧过程中产生的飞灰含有多种重金属和其他有害物质，如果没有得到妥善处理，可能会对土壤和水体造成长期污染。农村地区，往往以农业为主，土壤和水体的污染会直接影响农产品的安全，从而影响农民的健康和经济利益。

2. 废气净化的技术与经济挑战

为了控制焚烧过程中产生的有害物质，必须采用先进的废气净化技术。

这些技术，如湿法脱硫、活性炭吸附和催化燃烧，都需要大量的投资和运行费用。对于经济条件相对落后的农村地区来说，这无疑增加了垃圾处理的经济负担。而且，这些技术的维护和管理也需要专业的技术人员，这在农村地区可能是一个挑战。

3. 初次投资的经济压力

焚烧炉的建设和运行需要大量的初次投资。例如，一个日处理 400 吨垃圾的焚烧厂可能需要 3 亿元的投资。这对于大多数农村地区来说是一个巨大的经济压力。尤其是在土地和其他资源有限的情况下，如何平衡垃圾处理的需求和经济发展的需求，成为农村地区必须面对的问题。

4. 对农村经济和社会的影响

焚烧处理的引入，可能会改变农村的经济结构和社会关系。一方面，焚烧厂的建设和运行会带来一些就业机会，促进当地经济的发展。另一方面，垃圾处理的费用可能会增加农民的经济负担，影响其生活水平。焚烧厂的建设可能会改变当地的土地利用结构，影响农业生产。这些变化都需要得到妥善的管理和规划，确保焚烧处理与农村的经济和社会发展相协调。

（三）对农村其他垃圾进行焚烧处理的建议

在农村地区，随着人口的增长和生活水平的提高，垃圾处理已经成为一个迫切需要解决的问题。焚烧处理作为一种有效的垃圾处理方法，已经在许多城市得到了广泛的应用。但是由于经济条件、文化背景和资源限制的差异，焚烧处理所面临的挑战和机会也与城市有所不同。

垃圾分类是垃圾处理的第一步，也是最为关键的一步。农村地区的垃圾成分可能与城市有所不同，可能包括更多的农业废弃物和生物质。确保垃圾热值 4 000kJ/kg 以上是焚烧效率和经济性的关键。这需要对垃圾进行有效的分类，将高热值的垃圾和低热值的垃圾分开处理。这不仅可以提高焚烧的效率，还可以为其他垃圾处理方法，如厌氧消化或堆肥，提供更为合适的原料。考虑到农村地区的经济条件和土地资源，焚烧处理的选择应该基于全面的评估和规划。对于经济条件较好、土地资源有限的地区，焚烧处理可能是一个合适的选择。但对于经济条件较差、土地资源丰富的地区，焚烧处理的高投资和运行成本可能会成为一个重要的限制因素。在这种情况下，可能需要考虑其他更为经济的垃圾处理方法，如堆肥或生物气化。

技术研发和管理是确保焚烧处理成功的关键。农村地区可能缺乏先进的技术和经验丰富的技术人员，这使得焚烧过程中的二次污染控制和废气净化变得更为困难。因此，有必要加强与城市或其他国家的技术合作和交流，引入先进的技术和管理经验。要通过研发和技术创新，降低焚烧处理的投资和运行成本，提高其经济效益，使其更为适应农村地区的实际情况。

三、热解气化

（一）热解气化的基本原理

热解气化作为一种先进的垃圾处理方法，近年来引起了广泛的关注。其核心原理是利用垃圾中有机物的热不稳定性，在隔绝空气的条件下，对其进行加热，从而达到分解有机物的目的。

热解是一种热分解过程，即在高温条件下，无氧或低氧环境中，有机物质会被分解为更小的分子。这一过程是在没有氧气参与的条件下进行的，因此与燃烧过程是不同的。热解气化的过程可以分为三个主要阶段。首先，当垃圾被加热到一定温度时，水分和一些低沸点的有机物质会先被挥发出来，形成气态产物。其次，随着温度的进一步升高，垃圾中的大分子有机物质，如纤维素、蛋白质和塑料，会开始分解，生成一系列中间产物。这些中间产物进一步分解，形成更小的分子，如氢气、一氧化碳和烃类化合物。最后，当温度达到一定程度时，剩下的难以分解的有机物质会转化为固体残渣，如炭黑和灰烬。

热解气化的最大特点是其在无氧或低氧环境中进行。这意味着在热解气化过程中，有机物质是在没有完全燃烧的条件下被分解的。因此，与焚烧相比，热解气化可以回收更多的能源产品，如油和燃料气。这些能源产品不仅可以作为替代传统燃料的能源，还可以进一步被加工成高价值的化工产品。热解气化的另一个显著特点是其产物的多样性。除了气态产物，热解气化还可以产生液态和固态产物。液态产物主要由低分子量的有机物质组成，如酚、醇和酮。这些化合物可以进一步加工，生产燃料或化工产品。固态产物主要由难以分解的有机物质和无机物质组成，如炭黑和灰烬。这些产物可以作为土壤改良剂或建材的原料。

（二）热解气化的优势和潜力

热解气化作为一种垃圾处理技术，近年来受到了越来越多的关注，特别是在农村地区。这种技术不仅为农村地区提供了一种高效、经济的垃圾处理方法，还具有显著的资源化潜力。

农村地区经常面临能源短缺的问题，而热解气化正好提供了一种从垃圾中回收能源的方法。传统的垃圾处理方法，如焚烧和填埋，往往只是单纯地处理垃圾，而没有考虑到垃圾中所含有的能源潜力。而热解气化则将这些有价值的能源，如油和燃料气，从垃圾中提取出来，为农村地区提供了一种新的能源来源。这不仅可以减少对传统能源，如煤、石油和天然气的依赖，还可以为农村地区带来显著的经济效益。除了能源回收，热解气化还具有其他的优势。例如，热解气化可以迅速实现垃圾的减容和减量。与传统的垃圾处理方法相比，热解气化可以将大量的垃圾转化为小量的残渣和有价值的能源产品。这大大节约了土地资源。对于土地资源有限的农村地区来说，这是一个巨大的优势。

热解气化的最大优势可能在于其环境保护潜力。焚烧过程中常常会产生大量的有害物质，如二噁英。二噁英是一种剧毒物质，对人体和环境都有潜在的危害。而热解气化则可以在一定程度上减少这些有害物质的产生。这是因为热解气化是在隔绝空气的条件下进行的，这样可以避免有机物的完全燃烧，从而减少有害物质的产生。这为农村地区提供了一种既能高效处理垃圾，又能保护环境和居民健康的方法。

（三）热解气化的挑战和限制

从技术角度看，热解气化是一项相对复杂的技术。它要求精确的温度控制、气体管理和产物收集。为了达到最佳的热解效果，需要使用专业的设备，如高温炉、冷却塔和气体净化系统。此外，热解过程中可能产生的有害物质，如焦油和有毒气体，也需要通过专门的设备进行处理和净化。这意味着，为了实施热解气化，不仅需要高昂的设备投资，还需要有经验丰富的技术人员进行操作和维护。

从经济角度看，尽管热解气化可以从垃圾中回收有价值的能源，为农村地区带来经济效益，但其初期的投资和运营成本都相对较高。特别是在经济条件相对落后的农村地区，高昂的设备和技术人员投资可能成为实施热解气化的主要障碍。此外，由于热解气化的效率和经济性在很大程度上取决于垃圾的热值，这也意味着需要对垃圾进行分类收集，确保其热值达标。这无疑增加了垃圾管理的复杂性和成本。

从管理角度看，由于热解气化对垃圾的热值有严格的要求，这意味着需要在农村地区实施更为严格的垃圾分类制度。然而，垃圾分类对于许多农村地区来说仍然是一个新颖的概念，需要进行大量的宣传和教育工作，确保居民充分了解并积极参与。此外，为了确保热解气化的长期稳定运营，还需要建立一套完善的垃圾管理制度，包括垃圾收集、运输、储存和处置等各个环节。

第六章　农村生活垃圾资源化利用

第一节　农村生活垃圾资源化利用重要性

一、农村生活垃圾的成分

（一）有机物料的丰富性

农村生活垃圾的有机成分在整体垃圾构成中占据了显著的比例。这些有机物主要由食物残渣、果皮及动植物废弃物构成。这些有机物的存在为农村地区提供了转化为有价值资源的巨大潜力。

食物残渣、果皮和动植物废弃物都是生物降解性较好的物质。这意味着，在适当的条件下，这些有机物料可以被微生物分解，从而产生有机质和其他有益的物质。堆肥是一种传统且有效的方式，有机物料在一定时间内在微生物的作用下被降解，转化为富含有机质和微量元素的肥料。酵素发酵则为有机物的处理提供了一个更为现代化的方法。在特定的条件下，特定的微生物会产生酵素，这些酵素可以加速有机物的分解过程。与传统堆肥相比，酵素发酵通常在较短的时间内产生更为纯净和浓缩的有机质，这使得这种方法在某些应用中具有优势。

有机肥料为农作物提供了必要的营养。与化肥相比，有机肥料不仅提供了植物生长所需的主要营养元素，如氮、磷和钾，还为土壤提供了有机质，这有助于改善土壤的结构和透气性，增加土壤中的有益微生物数量。此外，有机肥料还能提供一系列微量元素，这些元素对于植物的正常生长和发育至关重要。

（二）农作物秸秆的利用

农村地区每年农作物收获后都会伴随大量的农作物秸秆，包括但不限于稻草、麦秆等。这些农作物秸秆在传统农业中常常被视为"废弃物"，但实际上它们蕴含着巨大的资源价值，既有利于生态平衡，又能为农村经济发展带来新的机遇。农作物秸秆作为一种有机物料，其内部富含纤维素、半纤维素和木质素。这些组成部分为农作物秸秆提供了一定的营养价值，使其可以作为饲料供给家畜。特别是在农村地区，利用这些秸秆为家畜提供饲料可以大大降低饲料成本，提高家畜的饲养效益。

除了作为饲料，农作物秸秆还具有被转化为能源的潜力。随着科技的进步和环境保护意识的增强，生物质能源已经成了一种受到广泛关注的可再生能源。农作物秸秆可以通过催化裂解、水解发酵等方法转化为生物气或生物柴油。这些生物质能源不但是对化石燃料的有益补充，而且其燃烧产生的二氧化碳可以被新生的农作物吸收，形成一个相对封闭的碳循环，从而减少温室气体排放。农作物秸秆的高效利用还有助于减少环境污染。传统的秸秆处理方法，如露天焚烧，会产生大量的有害气体和微粒物，对环境和人体健康造成威胁。而将秸秆转化为能源或其他有价值的产品，不仅可以为农村地区带来经济效益，还能有效减少环境污染，提高农村生态环境的质量。

（三）蔬菜和其他农产品的残余

蔬菜残渣和坏果在农村生活垃圾中占有一定的比例，这些生物降解性的有机物质为农村提供了丰富的资源再利用机会。在生态、经济和社会层面，这些有机废弃物的有效管理和利用都具有显著的意义。蔬菜残渣和坏果所含的有机物质，如碳、氮、磷和钾等，对于维持土壤生物活性和植物生长都是至关重要的。这些有机物质在恰当的条件下，可以被土壤中的微生物分解，从而释放出对植物有益的营养物质。因此，这些蔬菜残渣和坏果不应被视为废物，而是应被视为潜在的有机肥料来源。对于家畜和家禽，蔬菜残渣和坏果也是宝贵的饲料来源。这些有机废弃物富含纤维和其他营养物质，可以作为饲料的补充，提供家畜和家禽所需的营养。使用这些有机废弃物替代传统的饲料成分，如谷物，可以降低饲料成本，提高家畜和家禽的生产效益。

然而，直接将蔬菜残渣和坏果用作饲料或土壤改良剂之前，需要进行适当的处理以确保其质量和安全性。例如，可能需要通过堆肥或其他生物技术方法对其进行处理，以消除其中可能存在的病原体或其他有害物质。对于农村社区，蔬菜残渣和坏果的有效利用可以为农村经济发展提供新的机会。例如，农民可以组织合作社，共同投资建设有机肥料或动植物饲料生产设施。这不仅可以提高农产品的附加值，还可以为农村社区创造更多的就业机会。从环境保护的角度看，蔬菜残渣和坏果的有效利用也具有显著的意义。将这些有机废弃物转化为有价值的产品，如有机肥料或饲料，可以减轻农村地区的垃圾处理压力，降低环境污染风险。此外，使用这些有机废弃物替代化石燃料或化肥，还可以降低温室气体排放，为应对全球气候变化做出贡献。

（四）其他可回收物

农村生活垃圾中的可回收物，包括塑料、金属和玻璃等非有机物料，占据了垃圾总体积的一部分。这些材料由于在环境中的持久性、对生态系统的潜在影响以及再生能力而成为资源化利用的关键对象。

塑料作为现代生活的常见物质，其在农村生活垃圾中的存在也日益明显。尽管塑料提供了诸多便利，但其难以生物降解的性质使之成为环境中的持久性污染物。然而，塑料的这一特性也意味着它可以经过适当的处理后重复使用。通过机械回收或化学再生，废塑料可以被转化为新的塑料产品或其他有价值的化学品。金属，如铁、铝和铜等，在农村生活垃圾中也经常可以看到。与塑料不同，金属的回收和再利用历史悠久，技术也相对成熟。金属的高度可回收性、再生能力和其在各种应用中的价值使得金属回收在经济和环境层面上都具有显著的意义。回收金属不仅可以减少对新的矿石资源的依赖，还可以降低能源消耗和温室气体排放。玻璃作为另一种常见的可回收物，其在农村生活垃圾中的比例也不容忽视。玻璃的化学稳定性、透明性和无毒性使其在许多应用中都受到欢迎。玻璃的回收和再利用可以减少对新材料的需求，降低能源消耗和环境污染。

为了实现这些可回收物的有效管理和利用，农村地区需要建立一个完善的分类、收集和处理系统。通过对这些材料进行适当的分类和预处理，可以确保它们的再生品质和效益。教育和宣传活动也是促进农村居民参与垃圾分类和回收的关键。再利用农村生活垃圾中的这些可回收物不仅可以为农村社区带来经济效益，还可以实现环境的可持续管理。此外，这也为农村地区提供了一种与现代化、工业化社会接轨的机会，使其能够在经济、社会和环境层面上实现更为全面的发展。

二、节约资源的需要

（一）减轻资源开采压力

农村生活垃圾中，金属、塑料、玻璃等成分在大自然中为有限的资源。这些资源在经过长时间的地质过程形成后，被人类在短暂的时间内大量开采。在传统的消费模式中，这些材料在使用一段时间后往往被视为废弃物直接丢弃。这种消费模式导致了对新资源的不断需求，促使人类不断开采新的资源以满足生产和消费的需要。这种对资源的不断开采与自然的可持续循环相违背。大量的开采活动不仅导致资源的枯竭，还对生态环境造成了严重破坏。例如，矿山开采往往伴随着森林破坏、土地退化、水资源污染等环境问题。此外，为了提取这些材料，还需要大量的能源，这进一步加剧了温室气体排放和全球气候变化的问题。

在这种背景下，农村生活垃圾的资源化利用显得尤为重要。通过回收和再利用生活垃圾中的这些材料，可以显著减少对新资源的需求，从而减轻对自然资源的开采压力。例如，玻璃的回收可以大大减少对沙子的需求，而金属的回收则可以减少对矿石的开采。资源化利用还可以提高资源的使用效率，使其在经济系统中的流通时间更长，从而延长资源的使用寿命。农村生活垃圾的资源化利用不仅可以满足生产和消费的需要，还可以为保护生态环境、实现可持续发展提供支撑。通过减轻资源开采压力，可以为当前和未来创造一个更加和谐、健康、繁荣的生活环境。因此，农村生活垃圾的资源化利用不仅是一个经济问题，更是一个生态和社会的问题，关乎人与自然的和谐共生。

（二）降低能源消耗

生产过程中的能源消耗是现代工业社会的一大特征。从开采原材料，到加工制造，再到产品的运输和销售，每一个环节都伴随着能源的大量消耗。这不仅导致了全球范围内的能源需求持续增长，还对环境造成了巨大的压力，尤其是在温室气体排放和气候变化方面。在这种情况下，如何有效降低能源消耗，成了全球各地都在努力探索的问题。

农村生活垃圾的资源化利用提供了一种切实可行的方法来应对这一挑战。与从零开始生产新材料相比，从生活垃圾中回收和再利用资源的能源消耗大大降低。以铝为例，从铝矿中提取新的铝需要大量的能源，主要是因为从铝矿石到金属铝的提炼过程中涉及高温冶炼，而这一过程的能源消耗极为巨大。相比之下，回收旧的铝制品并将其再次转化为可用的铝材，所需的能源仅为从铝矿中提取新的铝的5%。这意味着，每回收一吨铝，都可以节省大量的能源。此外，其他如塑料、玻璃和纸张等材料的回收和再利用也都可以显著降低能源消耗。

这种能源节省不仅有助于减少温室气体排放，缓解气候变化问题，还可以为全球能源供应带来稳定。随着全球能源需求的增长，能源供应变得越来越紧张，而能源价格的波动也对经济带来了很大的不稳定性。通过降低能源消耗，资源化利用农村生活垃圾有助于缓解这种紧张局势，为经济发展提供稳定的能源支持。因此，农村生活垃圾的资源化利用不仅关乎环境保护，还与全球的能源安全和经济稳定紧密相关。

（三）经济效益的提升

农村生活垃圾的资源化利用在经济层面上呈现出的优势是不可忽视的。在一个越来越注重循环经济和可持续发展的全球环境中，将垃圾转化为有价值的资源已成为各个社区和国家追求的目标。这种转变不仅减少了对新材料的依赖，还为经济带来了直接和间接的益处。直接经济效益主要体现在生产成本的节约上。传统的生产方式需要大量的原材料，而这些材料的价格随着资源的稀缺性而上涨。通过回收和再利用，企业可以大大降低原材料的采购成本。例如，回收的塑料、金属或纸张经过适当的处理后，可以再次用于生产，从而节省了购买新材料的费用。由于再利用的材料大多已经经过初步加工，所以在再生产过程中也可以节省一部分能源和加工成本。间接经济效益则体现在新的就业机会的创造和经济结构的优化上。随着资源化利用的推广，与之相关的行业如垃圾分类、回收、处理和再生产等都得到了发展。这为农村地区创造了大量的就业机会，有助于缓解就业压力，提高居民的收入水平。这种经济活动的增加还可以促进相关产业的发展，如环保设备制造、环境监测和垃圾处理技术研发等。这些产业往往具有较高的附加值，可以为农村地区带来更多的经济效益。

（四）延长垃圾填埋场的使用寿命

垃圾填埋场作为处理垃圾的传统方式，一直是处理城市和农村生活垃圾的主要手段。然而，随着社会的快速发展，尤其是人口增长和消费习惯的变化，垃圾的产生量呈现出快速增长的趋势。这无疑给垃圾填埋场带来了前所未有的挑战。大量的垃圾不断涌入填埋场，使得一些填埋场的使用寿命迅速缩短，同时对周边环境造成了严重的污染。填埋场的快速填满不仅意味着需要寻找新的垃圾处理场地，还伴随着巨大的经济投入。新的填埋场的选址、建设和运营都需要大量的资金支持。而这些资金很多时候是由当地政府和居民承担的。此外，新的填埋场的选址还可能引发社会矛盾，因为没有哪个社区愿意接受新的填埋场的建设。

农村生活垃圾的资源化利用为解决这一问题提供了有效的途径。通过对垃圾进行分类、回收和再利用，大量的垃圾得到了有效处理，从而避免了进入填埋场。这不仅可以减少填埋场的垃圾输入量，还可以为填埋场带来更长的使用寿命。更为重要的是，资源化利用可以将垃圾转化为有价值的资源，如金属、塑料和有机肥料等，这既为社会带来了经济效益，也为环境保护贡献了力量。

（五）提高环境意识和社会责任感

农村生活垃圾资源化利用不仅关乎物质层面的效益，还与农村居民的价值观、行为习惯和社会责任感息息相关。在资源化利用的过程中，公众可以直观地看到废弃物被重新赋予价值，被转化为新的有用资源。这种形象的展现不仅彰显了资源的珍贵，也为居民提供了一个生动的教育实例，使他们更加意识到环境保护的重要性。

当农村居民深入了解并参与到垃圾资源化利用的活动中，他们的环境意识会逐渐增强。这种增强的环境意识不仅体现在垃圾处理上，更可能影响到他们的日常生活习惯。例如，他们可能会更加倾向于使用可重复使用的物品，减少一次性消费品的使用，或者更加珍惜食物和其他资源，从而减少浪费。当居民看到自己的行动可以为社区带来积极的变化时，他们的社会责任感也会得到提高。社会责任感的增强不仅关乎环境问题，还与整个社区的和谐与进步紧密相关。居民可能会更加关心社区的发展，更加愿意参与到公共事务中，为社区的可持续发展做出贡献。这种积极参与不仅可以推动农村社区的环境改善，还可以促进社区内部的团结与合作，为农村的长远发展创造良好的社会氛围。

三、改善土壤的需要

农村生活垃圾资源化利用在改善土壤方面具有显著的重要性。农业生产中，土壤作为最基本的资源，其质量直接关系到农作物的产量和品质。

（一）增强土壤的有机质含量

增强土壤的有机质含量是农村生活垃圾资源化利用的核心目标。农村生活垃圾，尤其是其中的食物残渣和植物废弃物，为土壤提供了丰富的有机物来源。这些有机物料在经过适当的处理和转化后，成为可以直接施用到土壤中的有机肥料。有机质在土壤中扮演了不可替代的角色。它是土壤中的"生命之源"，是支撑土壤生物活动的基础。有机质的存在使土壤成为一个生机勃勃的生态系统，其中包含了各种微生物、微小动物和植物根系。这些生物在土壤中的活动，如分解有机物、固定氮和释放养分，都与有机质的存在和转化密切相关。

1. 物理性质

有机质的添加可以显著改善土壤的结构。有机质与土壤中的矿物质粒子结合，形成稳定的土壤团聚体。这种团聚体结构有利于增加土壤的孔隙度，改善土壤的通气性和渗透性。良好的土壤结构不仅有助于农作物的生长，还可以减少土壤侵蚀和增加土壤的抗旱能力。

2. 化学性质

有机质是土壤中的主要养分库。它含有大量的氮、磷、钾等植物所需的养分。这些养分在有机质分解过程中被逐渐释放出来，供植物吸收。此外，有机质还可以增加土壤的阳离子交换容量，提高土壤的养分供应能力和缓冲性。

3. 生物性质

有机质为土壤微生物提供了丰富的食物来源。微生物在分解有机质的过程中，会产生大量的酶和代谢物。这些酶和代谢物不仅参与土壤中的各种生物和化学反应，还与植物根系发生互作，促进植物的生长和健康。

（二）平衡土壤的微生物群落

微生物群落在土壤健康和功能中占据核心地位，它们是土壤生态系统的活跃组成部分，对有机物质的分解、养分的循环和土壤结构的形成起到关键作用。农村生活垃圾的资源化利用，特别是转化为有机肥料，为土壤提供了丰富的微生物来源，从而有助于平衡和增强土壤的微生物群落。土壤微生物群落的平衡与多样性对农业生产和土壤健康具有决定性意义。多样的微生物群落可以更有效地分解有机物，释放养分，从而为植物提供所需的营养。而且，多样性丰富的微生物群落更能够抵御外来致病性微生物的入侵，保护植物免受疾病侵害。

农村生活垃圾中的有机物质为土壤微生物提供了丰富的能量和养分来源。当这些有机物质被添加到土壤中，它们会被土壤微生物迅速分解和利用。在这个过程中，微生物会释放出大量的酶和代谢物，这些酶和代谢物不仅促进了有机物质的分解，还与植物根系发生互作，促进植物的生长。土壤微生物还参与养分的循环和固定。例如，土壤中的固氮细菌可以将大气中的氮气转化为植物可吸收的氮化合物，而解磷微生物则可以将土壤中不可溶的磷转化为植物可吸收的形式。这些微生物的活动有助于提高土壤的养分供应能力，满足植物的营养需求。有机肥料中的微生物还可以改善土壤的结构。微生物在生长和代谢过程中会产生大量的胶体物质，这些胶体物质与土壤颗粒结合，形成稳定的土壤团聚体。良好的土壤结构有助于增加土壤的通气性和保水性，为植物的生长创造有利条件。

（三）提高土壤的养分供应能力

土壤养分供应能力是决定农作物产量和品质的关键因素之一。养分供应能力不仅涉及土壤中养分的总量，还涉及养分的有效性和供应速率。农村生活垃圾，尤其是其中的有机部分，为土壤提供了丰富的养分来源。这些有机物质在土壤的分解过程中，会释放出大量的植物可利用的养分，如氮、磷、钾、钙、镁等。

当农村生活垃圾中的有机物被转化为有机肥料并施用到土壤中时，它们开始与土壤微生物互动，启动一个复杂的生物化学分解过程。在这个过程中，大分子的有机物被微生物逐渐分解为小分子的有机物和无机养分。这些无机养分，如硝酸盐、磷酸盐和钾离子，是植物直接吸收的形式。这些有机物质还可以促进土壤微生物的活动，特别是固氮细菌、磷酸盐杆菌和钾溶解细菌的活动。这些细菌可以将土壤中不可利用的氮、磷和钾转化为植物可利用的形式，从而提高土壤的养分供应能力。这意味着，即使在低肥料输入的条件下，农作物也可以获得足够的养分供应，实现高产和优质。除了直接提供养分，有机物料还可以改善土壤的物理和化学性质，从而间接提高土壤的养分供应能力。例如，有机物料可以增加土壤的有机质含量，提高土壤的阳离子交换容量，增强土壤的养分保持和缓冲能力。有机物料还可以改善土壤结构，增加土壤的通气性和渗透性，为植物根系提供良好的生长环境。

（四）减少化学肥料的使用

化学肥料在农业生产中的广泛使用带来了短期的高产，但长期的过度使用导致了许多环境和土壤健康问题。农村生活垃圾资源化利用提供了一种可行的替代策略，它不仅可以满足农作物的营养需求，还有助于减少对化学肥料的依赖。

随着农村生活垃圾中的有机物料被转化为有机肥料并施用到土壤中，土壤的有机质和养分含量逐渐增加。这种增加不只是数量上的，更重要的是质量上的。与化学肥料提供的即时可用养分不同，有机肥料中的养分释放是缓慢和持续的。这意味着植物可以在整个生长季节中获得稳定的养分供应，而不需要频繁施用化学肥料。这种缓慢和持续的养分释放模式有助于降低养分的流失风险。在化学肥料的施用下，大量的养分可能会因为洗涤、径流或挥发而从土壤中丢失，这不仅浪费了养分，还可能导致水体污染，如湖泊和河流的富营养化和地下水的氮污染。而有机肥料中的养分，由于与有机物的结合，流失风险相对较小。化学肥料的过度使用还可能导致土壤酸化、盐渍化和微生物群落的失衡，从而降低土壤的生产力和健康状况。而农村生活垃圾资源化利用，通过提供有机质和养分，可以恢复和维持土壤的健康状况，为农作物的生长创造有利条件。

从经济角度看，农村生活垃圾的资源化利用还可以为农民提供经济效益。化学肥料的价格逐年上涨，而有机肥料的生产成本相对较低。这意味着农民可以通过使用有机肥料来降低农业生产成本，提高经济收益。

（五）促进土壤的可持续管理

土壤作为农业生产的基础和支持，其健康和质量对农业的持续性和稳定性至关重要。近年来，由于过度开发、不当耕作和化学农业的影响，许多地区的土壤已经出现了质量下降、侵蚀和盐渍化等问题。这些问题不仅威胁了农业的生产力，还可能导致更广泛的环境问题，如水体污染和生物多样性的丧失。因此，促进土壤的可持续管理成了农业和环境保护的重要议题。

农村生活垃圾的资源化利用为土壤的可持续管理提供了新的机会和方法。这些垃圾中的有机物料和养分，如食物残渣、植物废弃物和动物粪便，可以转化为有机肥料和土壤改良剂。这些有机肥料和土壤改良剂不仅可以为土壤提供养分和有机质，还可以改善土壤的物理、化学和生物性质。例如，有机肥料可以增加土壤的有机质含量，提高土壤的通气性和保水性，增强土壤的阳离子交换容量，提高土壤的养分保持和缓冲能力。有机肥料还可以刺激土壤微生物的活动，促进有机物的分解和养分的转化。除了为土壤提供养分和有机质，农村生活垃圾的资源化利用还可以培养农民的土壤保护意识。当农民看到垃圾被转化为有价值的资源，如有机肥料和土壤改良剂，他们可能会更加重视土壤的保护和管理。这种意识的培养和提高，可以推动农民采取更加可持续的土壤管理措施，如减少化学肥料和农药的使用、实施轮作和深翻、种植覆盖作物和绿肥、采用有机农业和生态农业等。

农村生活垃圾的资源化利用对于促进土壤的可持续管理具有深远的意义。这不仅可以保护和恢复土壤的健康和质量，还可以为农业的持续性和稳定性提供坚实的基础。此外，农村生活垃圾的资源化利用还可以为农村地区的经济发展和生态环境保护提供新的机会和动力。

第二节　探索农村生活垃圾资源化利用的方法

一、堆肥

在近几年，生活垃圾堆肥技术在全球范围内逐渐受到重视，特别是在中国，这种技术显现出巨大的发展潜力。生活垃圾堆肥技术的核心价值在于其强大的减量化和资源化能力。经过适当的处理，城市生活垃圾中的有机物可以被高效转化为有机复合肥料，从而实现垃圾的资源化利用。这种技术还可以有效杀死垃圾中的病原菌，确保处理后的产品在环境和人体健康方面的安全性。这种技术的另一个明显优势在于其对环境的友好性。与传统的垃圾填埋和焚烧方法相比，堆肥法可以大大减少土地的占用和大气的污染。在土地资源日益紧张和大气污染问题日趋严重的当下，这种技术为城市提供了一个既经济又环保的垃圾处理方案。

中国的特殊国情使得这种技术在国内具有更为广泛的应用前景。随着城市居民对燃气的大量使用，生活垃圾的无机成分逐渐降低，有机物含量和含水率都超过了50%。这种垃圾组成使得它非常适合堆肥处理。中国是一个农业大国，许多城市下辖的县城都是重要的农业区。在这样的背景下，通过堆肥技术生产的有机复合肥料不仅可以满足农业生产的需求，还可以改良由长期过度使用化肥而导致的土壤板结和肥力下降问题。

我国相关政策制定者高度重视农村垃圾的堆肥化处理方法。在国家的"六五""七五"以及"八五"技术创新计划中，都涵盖了堆肥技术及专门设备的研究和创新议题。自20世纪80年代开始，我国便启动了"双次发酵流程"的应用，堆肥设备逐渐达到成熟，生产逐步向工业化迈进。进入20世纪90年代，我国开始致力推进机械化连续堆肥生产的技术。到了1999年1月，全国城市生活垃圾处理与资源再利用交流会议展示了众多成功应用的垃圾堆肥技术案例。至今，北京、上海、杭州等多个城市已经建立了一系列的城市垃圾机械化连续堆肥处理设施。就堆肥方法而言，它可以被分类为简单堆肥和机械化堆肥两大类，并进一步分为静态与动态两种操作模式。我国的农村，传统上主要采用厌氧堆肥发酵方法。而当代的堆肥方法大都选择好氧堆肥，因为这种方法在物质分解、处理周期、异味减少以及工厂机械化处理等方面具有明显的优势。

（一）田间堆肥

1. 自然通风静态堆肥

自然通风静态堆肥是一种在特定场地进行的有机废弃物处理方法，其中所选场地堆积的有机物高度约 2～3 米。为确保此堆肥方法的效率，场地的上层一般被土壤所覆盖，而底层则通常采用混凝土进行硬化，并设计有通风和排水沟以维持适当的微生物活性和水分平衡。在堆肥的腐熟阶段，通过使用铲装机、滚筒筛、皮带机和磁选滚筒等设备，有机废弃物被进一步处理并最终转化为堆肥产品。此种堆肥方法的一大特点是其工程规模相对较小和机械化程度较低。由于采用的是静态发酵工艺，与其他高度机械化的处理方法相比，这种方法在投资和运行成本上具有明显的优势，因此在许多场合得到了广泛应用。然而，正如所有技术都存在其独特的优缺点，自然通风静态堆肥也不例外。其最大的限制在于堆肥过程中缺乏足够的控制机制，这可能导致堆肥质量的不稳定。由于环保措施可能不尽完善，这种堆肥方法可能对其周边环境产生较大的影响。

自然通风静态堆肥推荐使用简单堆垛的方式或阳光棚发酵槽。为了确保堆体内部有良好的通风，堆体的底部要铺上 10～15 厘米厚的树枝或其他具有粗糙质地且高碳含量的材料。为了降低臭味的散播并确保堆体内部能够维持一个较高的温度，堆体的表面则需要覆盖大约 30 厘米的已经腐熟的堆肥材料。

在整个堆肥制备过程中，堆制时间通常为 4～6 个月。为了加速好氧发酵的过程，每隔大约 5 天就需要对堆体进行一次翻动。为了在堆肥过程中保持热量和水分，同时确保整个处理环境干净整洁，建议使用金属、废旧木材或者砖砌的容器来进行堆肥。这些容器的开口设计要足够大，以确保大量的空气可以流通进入，满足微生物活动的需求。

在选择堆肥的地点时，应选择一个阴凉的地方，或者是部分可以接受阳光照射的地方，如庭院的背阴地带。此外，所选地点还应与住宅保持一定的距离，确保居住环境的舒适性。另外，这个地方应当方便废物的倾倒和水的喷洒，确保在雨季不会出现积水现象，从而保证堆肥过程的顺利进行。

2. 强制通风静态堆肥

强制通风静态堆肥是一种较为封闭的有机废弃物处理技术，其使用场地不同于常规的露天堆肥场地。在这种方法中，设计的一次发酵仓需具备足够的容量，以便能够储存 10 ～ 20 天的垃圾，确保持续且稳定的有机物分解过程。此外，这种处理技术的另一显著特点是室内的堆肥堆高达 2.5 米，这种堆高不仅有助于优化微生物活性，也有利于提高堆肥场地的空间利用效率。

为了确保堆肥的质量和效率，强制通风静态堆肥方法在设计时还特别增设了翻堆和运输通道。翻堆确保了有机物在堆肥过程中得到均匀的氧化，从而加速有机物的分解和矿化。而运输通道则为垃圾的进入和堆肥产品的出口提供了便利，确保了整个处理流程的连续性和高效性。

在实际应用中，强制通风静态堆肥技术已经在多个设施中得到验证和实践。这些实践经验进一步证明了这种技术在处理城市有机垃圾时的优势和可行性，表明它为现代城市提供了一种有效、经济且环保的有机废弃物处理方案。

（二）阳光房堆肥

1. 工作原理

餐厨垃圾等有机垃圾由村集中收集，统一运送至村阳光房处理①。阳光房堆肥是一种独特的生物处理技术，它主要利用有机垃圾中的自然微生物或通过添加菌种来实现有机物的高温好氧分解。在此过程中，有机垃圾通过微生

---

① 赵士永，强万明，付素娟. 村镇绿色小康住宅技术集成 [M]. 北京：中国建材工业出版社，2017：272.

物活动进行高温好氧消化反应，转化为腐熟有机物。阳光房堆肥的显著特点是其对太阳能的利用。太阳能为消化反应提供了必要的热能，确保食物性垃圾得到卫生和无害的生物处理。这种利用太阳能的方式不仅降低了处理过程的能耗，还提供了一个环境友好的垃圾处理方法。处理周期通常为 2～3 个月，经过这段时间的生物反应，有机垃圾完全腐熟并转化为高质量的堆肥，可以用于土地改良和农作物生长。

当遇到阴雨天或外界气温偏低的情况时，阳光房堆肥依然可以正常运作。这是因为好氧消化反应在进行时会产生热量，这些热量足以维持生物反应的正常进行，确保有机物的持续分解和堆肥的形成。这种自我调节的特性进一步增强了阳光房堆肥技术的韧性和适应性，使其在各种环境条件下都能稳定运行。

2. 工艺流程

阳光房堆肥工艺流程是一个综合性的有机废弃物处理程序，旨在高效地将有机垃圾转化为有价值的堆肥。

（1）原料收集与预处理。阳光房堆肥的首要步骤是原料的收集，原料通常指的是餐厨垃圾等有机废弃物。这些垃圾在被收集后通常需要经过预处理，包括筛选、去除大块杂质和初步的粉碎。

（2）堆体构建。经过预处理的有机垃圾被堆叠在阳光房内。为保证良好的通风，堆体的底部会铺设一层粗糙的高碳物质，如树枝。为维持温度和减少臭味扩散，堆体表面会被腐熟的堆肥材料所覆盖。

（3）好氧发酵。在阳光房内，有机垃圾会经历好氧发酵过程。有机物质在微生物的作用下被分解，产生热量。阳光房的设计能够捕获太阳能，为发酵过程提供额外的热量。

（4）翻堆与调控。为确保堆体内部的均匀发酵，每隔一定时间，堆体需要被翻动。这也有助于调节堆体的水分和温度，确保堆肥过程的顺利进行。

（5）成熟与稳定。经过数月的好氧发酵，堆体内的有机物质基本分解完毕，此时堆体进入成熟和稳定阶段。在这一阶段，微生物活动逐渐减少，堆肥的性质也变得更加稳定。

（6）筛选与包装。成熟的堆肥需要进一步筛选，去除大块杂质和未完全分解的物质。筛选后的堆肥可以被包装并存储，等待后续的使用或销售。

3. 建设运行管理和适用范围

阳光房堆肥在建设与运行管理方面具有显著的优势。由于其设计理念主要围绕简化和低成本运作，这使得其在实际应用中成了一个经济且有效的解决方案。

（1）经济效益。阳光房堆肥的建设不需要大量的一次性投入，这与许多传统的垃圾处理设施形成了鲜明的对比。它的运行成本也相对较低，主要原因是其整体设计旨在减少能耗和维护需求。具体来说，该设施由于主要依赖太阳能，基本上不需要额外的动力输入。

（2）管理与操作。阳光房堆肥的管理和操作都相对简单。整个系统基本上是自动化的，唯一需要人工参与的部分是日常的保洁和垃圾投放。村里的保洁员可以将分类后的垃圾放入阳光房，然后让太阳光的热量来促进垃圾的发酵和分解。这种操作方式不仅简化了管理流程，还大大降低了出错的可能性，从而确保了整个处理过程的高效和稳定。

（3）适用范围与灵活性。阳光房堆肥的设计具有很高的灵活性，能够根据具体的应用需求进行调整。由于其建设方式灵活且投资和运行成本都较低，这使得它特别适合于农村地区的餐厨垃圾处理。这种小规模的处理方式允许每个村庄根据自己的实际情况和需求来建设一个或多个处理站，从而确保垃圾处理既经济又高效。

4. 社会效益

阳光房堆肥技术为垃圾处理带来了显著的社会效益，为当代垃圾处理问题提供了一种可持续和环保的解决方案。通过实现垃圾的减量化处理，这种技术显著地降低了直接填埋的垃圾量，从而缓解了填埋场的压力并延长了其使用寿命。这种处理方式还显著提高了垃圾的资源利用率，将废弃的有机物质转化为有价值的堆肥，进而为农业生产提供了可再生的资源。

除了资源再利用的优势，阳光房堆肥技术还通过优化垃圾的处理和运输过程，提高了垃圾运输的效率并降低了相关成本。传统的垃圾处理和运输方式往往涉及多个环节和大量的能源消耗，而这种技术通过在村庄现场处理垃圾，减少了中间环节，从而实现了经济效益。与传统垃圾站相比，太阳能垃圾减量化处理的封闭性设计确保了整个处理过程不会产生二次污染。这种环保设计不仅避免了有害气体和液体的排放，还有效地控制了蚊蝇等害虫的繁殖，为居民创造了一个更为健康和宜居的环境。

（三）机器处理堆肥

1. 餐厨垃圾一体化处理设备运用

（1）原理分析。餐厨垃圾，作为生活垃圾的重要组成部分，具有水分含量高、生物降解性强、易腐烂产生异味等特点。因此，对其进行有效处理成为环境保护和资源循环利用的重要环节。餐厨垃圾一体化处理设备正是针对这一问题而设计的高效处理工具。在餐厨垃圾一体化处理的原理中，机械化预处理是第一步。这一阶段，垃圾会经过粉碎、筛选和去杂，以使其达到适合生物处理的粒度和组成。粉碎可以提高垃圾的表面积，使微生物更容易附着和分解有机物；而筛选和去杂则是为了去除对后续处理不利的物质，如塑料、玻璃和金属等。

物理、化学和生物三种技术的综合运用为餐厨垃圾提供了一个全方位的处理策略。物理处理，如筛分和破碎，可以将垃圾中的大块物质细化，为后续的生物和化学处理创造条件。化学处理，如调节 pH 和添加营养物质，可以为微生物的生长和活动提供适宜的环境。

但最核心的部分是生物处理。餐厨垃圾中的有机物质在好氧或厌氧的条件下，会被微生物分解为较小的分子或转化为生物质能源。好氧分解过程中，微生物在氧气的存在下将有机物质转化为二氧化碳、水和矿物盐。而在厌氧条件下，微生物会将有机物质转化为甲烷、二氧化碳和其他少量的有机化合物。这两种过程都能将有机物质大量减少，但产生的最终物质不同。这一处理不仅仅是为了减小和减轻垃圾的体积和重量，更重要的是将有机垃圾转化为有价值的资源。无论是通过好氧还是厌氧分解，处理后的垃圾都可以转化为高质量的堆肥或生物质能源。这不仅为农业和能源产业提供了有价值的原料，还最大限度地减少了废弃物的产生。

（2）运行管理。餐厨垃圾一体化处理设备的运行管理是确保其持续、高效和可靠运行的关键。对于任何大型的设备或系统，不仅要注重其设计和建设，还要确保其在长时间运行中的稳定性和效率。这一点在餐厨垃圾处理中尤为重要，因为这关乎环境保护、资源再利用和社会经济效益。

确保设备稳定运行是首要的任务。这意味着所有的机械部件、传感器、控制系统和其他相关设备都必须在预期的性能参数下正常工作。为此，需要订立一个定期的检查和维护制度，对设备进行例行的检查，及时发现和解决各种故障或异常，避免因小问题引发的大故障或长时间的停机。此外，根据设备的使用强度和实际工作环境，可能还需要进行周期性的大修或更新，以确保设备的长期稳定运行。高效处理是餐厨垃圾一体化处理设备的另一个核心目标。为了达到这一目标，可能需要根据垃圾的特性、组成和量进行参数调整。例如，不同的季节、地区或来源可能导致餐厨垃圾的水分含量、有机物质成分或其他特性发生变化。为了确保处理效果的最优化，需要对这些参数进行实时监测和调整。这不仅可以提高处理效率，还可以确保处理后的产品达到预期的质量标准。

最终产品的质量控制是整个运行管理过程中的另一个关键环节。无论是转化为生物质能源还是堆肥，都必须满足一定的质量标准和应用需求。因此，对处理后的产品进行质量检测和评估变得尤为重要。这不仅可以确保产品的市场价值，还可以满足环境保护和公众健康的要求。

（3）前沿分析。餐厨垃圾一体化处理设备位于垃圾处理技术的前沿，反映了现代社会对于环境保护和资源循环利用的关注和需求。它融合了多种技术，旨在实现垃圾的高效处理、资源的最大化利用和环境的最小化污染。

随着全球对环境问题的关注日益加深，餐厨垃圾的处理也面临着更高的要求。传统的处理方法如简单填埋或焚烧，由于其对环境的潜在影响和资源浪费，已逐渐被淘汰。新型的一体化处理设备则为解决这些问题提供了新的思路。它们结合了物理、化学和生物技术，能够对垃圾进行全面、深入的处理，实现从源头到终端的环境保护。当前的研究趋势显示，对于一体化处理设备，人们不仅关注其处理能力，更关注其运行的效率、能耗和成本。因此，提高设备的自动化程度、智能化管理和绿色能源利用成了研究的重点。例如，利用物联网技术对设备进行远程监控和调控，可以实时获取设备的运行数据，及时进行故障预警和维护。研究也在探索如何将可再生能源，如太阳能或风能，整合到设备中，以减少其运行的碳足迹和能耗。

新型处理技术和方法的开发受到了广泛关注。比如，纳米技术在垃圾处理中的应用，可以提高有机物质的分解速度和效率。生物酶技术则可以在更低的温度和更短的时间内，实现垃圾的高效降解。随着循环经济和生态农业的理念深入人心，如何将处理后的产品，如生物质能源或堆肥，更好地应用于农业生产和土地修复也成了研究的热点。这不仅可以为农业生产提供高质量的有机肥料，还可以实现土地的可持续利用和生态修复。

（4）社会效益。餐厨垃圾一体化处理设备在农村地区的应用，不仅解决了当地餐厨垃圾处理的难题，还为地方社区带来了一系列深远的社会效益。

传统的餐厨垃圾处理方法，如简单的露天堆放或填埋，往往会导致地下水污染、土地退化以及空气污染。而一体化处理设备则有效地避免了这些问题。它将有机垃圾转化为有价值的产品，如生物质能源或堆肥，大大减少了对土地的占用和对环境的污染。这不仅改善了当地居民的生活环境，还为农村地区的生态系统提供了保护。

设备将有机垃圾转化为堆肥或生物质能源，为当地农民提供了高质量的有机肥料或可再生能源。这不仅降低了农业生产的成本，还提高了农作物的产量和品质。设备的运行和维护为当地创造了就业机会，促进了地方经济的发展。

传统的垃圾处理方式往往会引起居民的反感和担忧，而一体化处理设备则因其环境友好和高效的特点，赢得了农村居民的广泛支持和认可。这为地方政府提供了一个有效的垃圾处理方案，也为农村社区创造了一个和谐、健康的生活环境。

2. 机器辅助发酵设施的具体运用（以山东省滕州市级索镇有机垃圾处理项目为例）

（1）项目背景。城乡生活的有机垃圾，涵盖了居民餐厨废弃物、菜市场的果蔬残留和村镇农牧业的废弃物等。这些垃圾在数量上可能并不巨大，但其种类繁多，令单一处理方式面临较大挑战。在我国众多地区，如何有效处理这类环境污染物资已成为一个难题。然而，逆向思考，这些所谓的"垃圾"在某种意义上仅是被放置在错误位置的资源，妥善利用则能将其转化为宝贵的财富。为了不断改善民众的生活环境，塑造宜居的城乡，以及推动社会的文明进步，开展有机垃圾的资源化利用并致力解决城乡环境中的脏乱差问题，已被提上党和国家民生工作的议程。

在这一背景下，我国积极倡导城乡生活垃圾分类。人们致力寻找有机易腐垃圾资源化利用的切实途径，采纳了现代堆肥发酵技术，确保有机垃圾经历快速的无害化处理和稳定化过程。这种处理不仅产生了众多的有益菌种，还成功生产出了高品质的生物有机肥料，真正实现了垃圾的资源化利用，为社会带来了实实在在的效益。

在滕州市级索镇有机垃圾资源化利用站项目前期建设中，项目领导和专家深入研究、大胆创新，研制的有机物好氧发酵罐操作简便、性能可靠，投资省、见效快，结构原理国内独创，取得了巨大的成果。为进一步提高发酵罐处理速度和肥料发酵腐熟的彻底性，同时通过试点建设总结经验，不断改进，形成可复制、可推广、可持续的模式和机制，辐射引领周边乡镇、县市加快项目建设，以带来更大的经济效益、社会效益和起到示范带动作用，滕州市综合行政执法局邀请有机肥生产设备专业厂家参与了项目的技术改进。

（2）模式方案。滕州市在城乡垃圾分类和有机垃圾处理方面的成功探索和先进经验，已经走在全国前列。经滕州市综合行政执法局、山东农业大学专家充分论证和研究，在有机垃圾处理设备的定型方面，目前形成了物料整进整出和物料连续进出两种模式方案。

方案一：物料整进整出的发酵罐模式如图6-1所示。

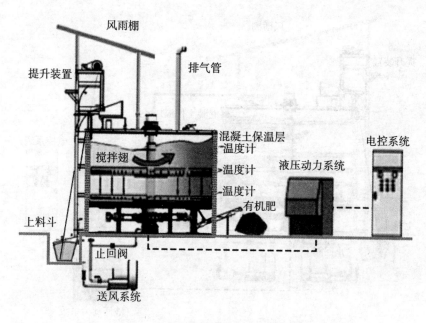

图 6-1 物料整进整出的发酵罐模式

①该模式的特点：出料为半发酵状态的有机肥料，放出的肥料已经减量化并基本消除了臭味，经罐体外二次堆肥后再成为水分和腐熟程度达标的成品有机肥。

②该模式的工艺过程：有机垃圾在和适量干物料、发酵菌剂掺混后，按规定的处理量通过上料斗一次性装入堆肥发酵罐内，在罐内经搅拌和发酵消除臭味后，全部或部分放出来，在罐体外再进行二次堆肥发酵。肥料放出后再进行下一次的装肥、发酵。

③该模式的结构：发酵罐体为混凝土加保温结构，物料通过上料斗、提升装置遥控上料，罐体内有两层搅拌翅，下层搅拌翅可以通过送风系统为物料发酵提供氧气，出料装置为传送带，废气通过顶盖上的排气管道收集排出。动力系统为国内最先进的液压传动装置，电控系统可以实现对液压站、送风电机、料斗提升装置的自动化控制。

④该模式的优缺点：优点是设备构造简单，操作简便，成本低。缺点是需要二次堆肥，肥料发酵腐熟程度受物料的水分、品种影响较大。

方案二：物料连续进出的发酵罐模式如图 6-2 所示。

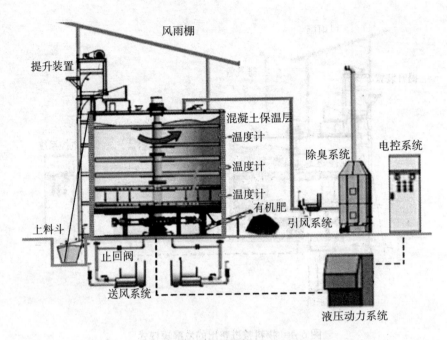

图6-2 物料连续进出的发酵罐模式

①该模式的特点：出料为彻底腐熟好的成品有机肥料，完全消除了臭味，可以直接进入销售渠道使用，产生经济效益。

②该模式的工艺过程：发酵罐内物料不需要清空，待处理的新鲜有机垃圾从罐顶部加入，发酵好的有机肥料从罐底部通过输送带传出。每天先将底部已发酵好的成品肥料放出，然后将从社会收集来的有机垃圾通过上料斗由罐顶进口加入。中间料层始终处于发酵过程中。

③该模式的结构：保留了方案一的混凝土保温罐体和其他大部分结构，与方案一相比，加大了罐体舱容积，搅拌轴加长，搅拌翅增多，送风供氧系统更完善且自动化编程控制，增加了抽风系统更容易使物料中的水分排出，增加了废气除臭系统等。

④该模式的优缺点：优点是直接出成品肥，不需要二次堆肥；因为出的肥料是干的，可以部分回填至处理前的有机垃圾中，日常不需要购买辅料；发酵罐体容积大，始终保留发酵层做菌床，日常运行不需要或可稍许添加菌种，设备运行成本较低。缺点是设备制造成本较高。

山东省滕州市级索镇采用第一种方案实施，既节约资金，又便于普及。

通过对垃圾分类后的厨余垃圾（烂菜叶、秸秆等废弃的农作物）发酵处理，堆肥达到预期的效果。

（3）堆肥产物对土壤质量的改善作用的主要体现。

①改善土壤物理性质。堆肥作为一种有机肥料，在农业生产中起到了至关重要的作用，特别是对于土壤质量的改善。其应用不仅为植物提供了丰富的养分，还具有多种对土壤物理、化学和生物性质的积极影响。从土壤物理性质的角度来看，堆肥中的有机物质能够明显改善土壤的结构性质。当有机物质被添加到土壤中时，它们与土壤颗粒结合，形成稳定的土壤团聚体。这些团聚体能够减少土壤容重，增加土壤的孔隙度，从而改善土壤的通气透水性能。增加的土壤孔隙度也使得土壤具有更好的持水性，这对于植物的生长是非常有利的，特别是在干旱条件下。堆肥的原料，如废弃的蔬菜和秸秆，都是有机物质的丰富来源。这些有机物质在分解过程中会释放大量的养分，如钾、磷等，供植物吸收。这些养分不仅满足了植物的生长需求，还有助于提高农作物的产量和品质。堆肥中的纤维和其他有机质在土壤表面形成一层覆盖层，这有利于土壤的保墒和保温。这层覆盖层可以减少土壤表面水分的蒸发，降低土壤温度的波动，为植物提供一个稳定的生长环境。这层覆盖层还可以防止雨水冲刷，减少土壤侵蚀，保持土壤的肥沃。

②提高土壤微生物活性。土壤微生物活性的增加更加有利于有效的有机物分解。微生物通过其新陈代谢过程，将有机物质转化为植物可吸收的养分，如氮、磷和钾。这不仅为植物提供了所需的营养，还有助于提高土壤的肥力。随着微生物活性的提高，土壤中的微生物群落结构也会发生变化。特别是，放线菌所占的比例可能会增加。放线菌在土壤中起着重要的作用，它们不仅参与有机物质的分解，还能够抑制某些土传病害的发生，从而增强植物的抗病性。增强的土壤微生物活性还会提高土壤的代谢强度。这意味着土壤中的生物化学反应变得更加活跃，养分循环更加迅速。这有助于维持土壤中的养分平衡，确保植物在整个生长周期内都能得到足够的养分供应。

③提高土壤养分含量。提高土壤养分含量是农业生产中的核心目标，因为土壤养分直接影响到植物的生长和产量。随着有机质含量的增加，土壤的

肥力和结构都得到了显著改善。有机质是土壤中的基础组成部分，能够促进土壤颗粒之间的团聚，从而改善土壤的通气和持水性能。此外，有机质的分解也会释放大量的养分，如氮、磷和钾，供植物吸收。特别是总磷和速效磷的增加有助于植物的根系发育和能量转化，而活性钾则参与植物的多种生理过程，如酶的活化、养分的转运和蛋白质的合成。废弃的蔬菜、秸秆和人畜粪便是有机垃圾的主要来源，这些物质经过适当的处理和发酵后，可以转化为高质量的有机肥料。这种肥料不仅富含有机质，还含有大量的氮、磷和钾等植物所需的主要养分。这些有机肥料中的氮含量较高，因此在施用时，应考虑将其深入土壤中，以避免氮的挥发损失，并确保植物能够充分吸收。

④有效改善土壤质量。一方面，有效改善土壤质量是农业生产和可持续土地管理的基础。土壤质量的好坏直接决定了植物的健康、生长和产量。高质量的土壤通常具有良好的结构、适中的 pH、充足的有机质和矿物养分以及活跃的微生物群落。这些因素共同为植物提供了一个优越的生长环境，使其能够充分吸收水分和养分，进行有效的光合作用，从而实现健康的生长和高产。另一方面，土壤质量的改善也有助于增加土壤的持水和抗侵蚀能力，减少养分的流失，从而保护水资源和环境。此外，高质量的土壤还能够增强土壤的缓冲和调节能力，使其更好地适应气候变化和其他外部压力。

（4）非农用土地利用也具有较大的堆肥产物消纳能力。在园林绿化实践中，我国拥有广阔的园林绿地范围，这些绿地涵盖了公共公园、环境防护绿带、生态生产区、相关附属绿化区以及其他多功能绿地。资料显示，到 2017 年，我国的城市、县级城镇以及农村的园林绿地面积已达 209.912 0 × 10⁴ hm²、61.026 8× 10⁴ hm² 和 4.747 4× 10⁴ hm²。若按照每公顷绿地施用有机肥 0.6 吨的标准来估算，那么我国的城市、县级城镇以及农村绿化的肥料需求量便是 125.947 2 万 t、36.616 1 万 t 和 2.8480 万 t，合计约为 165.411 7 万 t。具体应用策略，可以参照国内其他有机废弃物堆肥利用的经验，大部分在非农业用地上的应用集中于城市绿地系统或城郊林地的建设与维护，主要用于植物种植的基础土壤（介质土）、生产有机肥的主要成分和土壤修复材料。

①用于植物种植的基础土壤（介质土）。尽管泥炭在花卉养护和设施农

业种植中得到了广泛应用，但泥炭的资源有限，而且其开采会对环境造成伤害。经过处理的堆肥产品富含营养元素，含有高含量的腐殖质类物质，经过恰当的调整，具有优良的透气性、高持水性和强保肥性，这使得它能够替代泥炭，用于种植花木和其他农产品。

②用于生产有机肥的主要成分。餐厨废弃物富含众多的营养元素如纤维素、半纤维素和脂肪物质等。经堆肥处理后，其中的氮、磷、钾等主要营养元素及微量元素的有效性显著提高。因此，它可以作为生产有机肥的关键成分，有助于应对由过度使用化肥导致的土壤生产力下降、透气性减弱和微生物活性降低等土壤健康问题。

③用于土壤修复材料。堆肥产物对土地的修复作用主要是优化土壤结构和增强土壤肥力。堆肥中的腐殖质被加入土壤后，能够对土壤的物理和化学性质产生积极的调节作用，如平衡土壤的 pH、推动团聚结构的生成和提高土壤的透水能力。这种调整有助于减少土壤中营养元素的流失，并增强土壤的持肥性，这一点在国内外的相关标准中都得到了体现。

（5）国内相关标准现状。目前，国内还没有厨余垃圾堆肥产物的土地利用标准，但有其他相关的一些技术标准，可大致分为肥料相关、土壤相关及市政污泥相关 3 类，详见表 6-1。

表 6-1　国内相关标准现状

国内相关标准	标准名称及代号
肥料相关标准	《有机肥料》（NY 525—2012） 《生物有机肥》（NY 884—2012） 《绿化用有机基质》（LY/T 1970—2011）
土壤相关标准	《绿化种植土壤》（CJ/T 340—2016） 《土壤环境质量　农用地土壤污染风险管控标准（试行）》（GB 15618—2018）
污泥相关标准	《城镇污水处理厂污泥处置园林绿化用泥质》（GB/T 23486—2009） 《城镇污水处理厂污泥处置　林地用泥质》（CJ/T 32—2011） 《城镇污水处理厂污泥处置　土地改良用泥质》（GB/T 24600—2009） 《城镇污水处理厂污泥处置 农用泥质》（CJ/T 309—2009） 《农用污泥污染物控制标准》（GB 4284—2018）

当前的堆肥产品质量标准通常依据《有机肥料》（NY 525—2012）。然而，这一标准并没有充分考虑到厨余垃圾中杂质含量较高、营养成分较低的特性，因此更适合将其视为土壤介质而非真正的肥料。比较之下，厨余垃圾堆肥与市政污泥不同，其内油脂、杂质和盐分的比例较大，而重金属的比例较小，因此直接套用现有的标准可能不太合适。

二、焚烧发电

所谓焚烧，即将垃圾用火烧掉，这是一种很古老的做法。由于焚烧既可以处理垃圾又可以取暖，在 20 世纪初期，很多的英国家庭都装有家用焚烧炉，在美国住宅楼的地下室中则安装了整栋大楼的垃圾焚烧炉，垃圾投放口通过管道与焚烧炉相连，垃圾持续不断地掉进焚烧炉，使炉中的熊熊烈火长燃不熄。直到 20 世纪 50 年代，燃料油出现以后，人们才不再把垃圾作为燃料看待，所有过去作为燃料焚烧的东西，就都变成毫无用处的垃圾了。[①] 在古代，垃圾焚烧主要采用原始的燃烧方法，当时的人们并未意识到这种燃烧方式释放的浓烟对环境造成的污染。但随着技术的进步，垃圾焚烧技术在过去的一个多世纪中得到了持续的优化和完善。现代的垃圾焚烧技术已经能够有效地控制烟气、废水以及"飞灰"和灰渣带来的环境污染，因此得到了广泛的推广和应用。

（一）焚烧发电技术简介

焚烧发电技术是固体废物管理的关键策略之一，被视为当下及未来固体废物处理的主要发展趋势。高效运营的焚烧发电设施不仅能够快速、高效地处理城市废物，还能实现废物的综合回收和再利用。这些设施的运营管理井然有序，确保设施区域的卫生和环境保护达到规定的标准。

焚烧发电技术代表了一种先进的生活垃圾热处理方法。该技术涉及在 800℃～1 000℃ 的高温条件下，使垃圾中的可燃组分与空气中的氧发生剧烈的化学反应，从而将其转化为高温气体和化学稳定的固体残渣。在这一过

---

① 杨鲁. 纠结的生活垃圾 [M]. 成都：西南交通大学出版社，2018：27.

程中，大量的热量被释放。通过高温焚烧，垃圾的可燃组分得到分解，通常可以实现减重80%和减容90%以上。此过程中的高温能够确保垃圾中的病原体被完全消灭。焚烧产生的热量可以进一步用于发电或供热。根据估算，国内使用机械炉排式焚烧炉的生活垃圾焚烧发电厂的上网电量为250～350千瓦时/吨。每吨生活垃圾焚烧发电可以节约标煤81～114千克，并减少202～283千克的二氧化碳排放。因此，从一个全面的视角来看，焚烧发电技术为实现垃圾的无害化、减量化和资源化提供了有效的手段。

垃圾焚烧发电的过程如图6-1所示。垃圾首先由专用运输车辆送达垃圾焚烧厂。到达厂区前，垃圾运输车经过地磅进行称量，以准确记录垃圾的重量。随后，垃圾被卸入专设的垃圾储料坑中。在这个坑中，垃圾会进行堆放、发酵和脱水处理，通常的处理时间为2～5天。经过这一阶段后，垃圾将由专门的大型抓斗机械送入焚烧炉进行高温焚烧。

图6-3 垃圾焚烧发电过程

一般人们会担心垃圾堆放区散发出难闻的臭气，但实际上，现代化的垃圾焚烧厂已经采取了高效的措施来防止异味的扩散。垃圾储料坑的上部安装了焚烧炉的一次风机和二次风机的吸风口。这些风机从垃圾储料坑中抽取空气，作为焚烧炉的助燃空气，同时确保垃圾储料坑内负压状态，防止臭气外溢，垃圾坑中产生的渗滤液会被直接喷入焚烧炉内进行处理，或者被送往专门的污水处理厂进行处理。

在垃圾焚烧发电过程中，进入焚烧炉的垃圾会在炉排上进行燃烧。这个高温燃烧产生的烟气会被引入余热锅炉中，与锅炉内的水进行热交换。这个热交换过程会产生蒸汽，这蒸汽随后会被输送到汽轮机中进行发电或供热。除了垃圾焚烧发电厂自用的电，剩余的电力会被并入电网供其他用途。

焚烧过程中产生的烟气含有多种有害物质，因此需要经过专门的烟气净化系统进行处理。这个系统会"洗净"烟气，去除其中的有害物质，并最终由引风机引入烟囱排放到外界。

在焚烧过程中产生的灰渣可以分为两部分：炉渣和飞灰。炉渣是从焚烧炉底部排出的，而飞灰则存于烟气中。这些灰渣需要经过一系列的处理，包括脱酸、脱硫和重金属吸附，以减少其对环境的影响。处理后的灰渣可以送到填埋厂进行填埋，或者制成砖用于道路铺设。其工艺流程如图6-4所示。

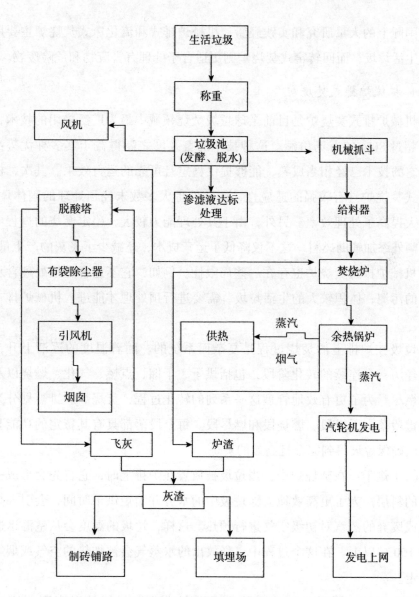

图 6-4 焚烧发电的工艺流程图

（二）垃圾焚烧的主要设备——焚烧炉

垃圾焚烧炉是用于处理固体废物的关键设备。在全球范围内，广泛采用的垃圾焚烧炉技术主要分为三种类型：机械炉排式、流化床式和回转窑式。

根据国际上的大量研究和实践经验，机械炉排式和流化床式焚烧炉主要用于处理生活垃圾，而回转窑式焚烧炉则更适合于处理有害废物和危险废物。

1. 机械炉排式焚烧炉

机械炉排式焚烧炉是目前全球垃圾焚烧领域中最为广泛采用的技术，占据了超过80%的市场份额。这种技术的普及度之高得益于其多种优势：首先，它的技术已经相当成熟，能够提供稳定且可靠的运行效果。其次，机械炉排式焚烧炉具有较强的适应性，能够处理大多数未经预处理的固体垃圾，这大大提高了处理效率。另外，由于其处理能力较大，稳定燃烧的过程中不需要额外添加辅助燃料，这不仅降低了运营成本，还减少了飞灰的产生量。

机械炉排式焚烧炉也存在一些局限性。例如，它不适合直接处理含水率过高的污泥；体积较大的生活垃圾，需要进行预处理才能进入机械炉排式焚烧炉。

垃圾在炉排上的焚烧过程是复杂而系统的。随着温度的逐渐上升，垃圾会经历一个连续的转化阶段，包括烘干、干馏、点燃、气化、燃烧以及最终的燃尽。为了更有效地管理这一系列的转化过程，焚烧炉炉排被划分为三个关键段落：干燥段、燃烧段和燃尽段。每个段落都具有其特定的功能和目标，以确保垃圾得到完全且高效的焚烧。

（1）烘干：在焚烧炉中，当垃圾被放置在炉排上时，它首先会形成一个固定的料层。为了更高效地去除垃圾中的水分并缩短烘干时间，会引入高温烟气或废弃的蒸汽对初级空气进行预热。这样，垃圾的温度会从室温迅速上升为100℃以上。在这个过程中，释放出的水蒸气会被加热的空气或烟气快速带走。

（2）干馏：随着垃圾中的水分逐步被蒸发，料层的温度逐渐增加至250℃。在这一温度下，垃圾中的有机物质开始经历热解过程，从固态转化为气态，释放挥发性有机化合物。值得注意的是，由于这一阶段未涉及氧气参与，因此不会发生燃烧反应。

（3）点燃：当料层温度达到300℃时，前一阶段释放的挥发性有机化合物开始被点燃。

（4）气化：随着挥发性有机化合物的点燃，垃圾料层的温度显著升高至400℃。在这一温度下，氧气与垃圾料层中的热解产物，主要是碳，发生反应，生成一氧化碳等气体。对于炉排，400℃是一个关键的温度点，需要特别注意避免炉排表面温度的过度升高。

（5）燃烧：垃圾中由热解和气化产生的可燃气态化合物在高温下燃烧。垃圾料层中的残余碳也进行燃烧。整个燃烧过程的温度可以高达1 000℃，此时，火焰主要集中在垃圾料层的上部。在良好的通风条件下，炉排的温度维持在大约400℃。

（6）燃尽：垃圾经过完全燃烧之后会变成灰渣，此阶段温度会逐渐降低，炉渣被排出焚烧炉。

机械炉排式焚烧炉，依据其炉排结构及运动特性，存在多种设计形态。尽管这些炉型在结构上存在差异，但其燃烧的核心原理大体相似。为了确保垃圾与空气的充分接触，从而实现高效燃烧，不同的炉排设计都采用了独特的方式。鉴于我国垃圾的特性，如成分多样性、热值较低及高含水量，为确保炉内温度持续保持在850℃以上，需要在炉排上堆放适量的垃圾。为了确保垃圾充分燃烧，炉排片必须能够在多个方向上进行翻转、搅拌和松动整个垃圾料层。炉排片还需要有能力防止垃圾团块形成，以确保垃圾完全燃烧。

为了满足这些技术需求，并针对我国垃圾的特点，重庆垃圾焚烧发电技术研究院进行了一系列关键技术的研发。这些研发成果包括了顺逆推炉排综合系统、横向运动的往复式炉排系统以及具有高度差异的炉排片等技术。这些技术不但获得了37项国家发明专利，而且已经在广东、江苏、山东、四川、重庆等地的84个城市得到应用，建成了182条生产线，每年处理垃圾量约3 000万吨。

2. 流化床式焚烧炉

流化床式焚烧炉具有高度的适应性，能够处理各种类型的垃圾，尤其是低热值和高含水量的物质，如污泥。其核心优势在于高效的燃烧效能，能够确保垃圾的完全燃烧，同时对有害物质进行深度的分解和破坏。此外，流化床焚烧炉的设计确保了出口的未燃物最小化，一般不超过1%。由此产生的燃烧残渣量最少，并且灰渣中不含有机和可燃物质。这意味着所产生的灰渣无异味，可以直接进行填埋处理或其他综合利用。

流化床式焚烧炉采用了先进的固废处理技术，特别适用于处理复杂成分和具有特定热值的垃圾。其工作原理基于垃圾与高温流动沙的混合燃烧。当垃圾被送入炉内，它会与650℃～800℃的流动沙混合，产生激烈的翻腾和循环流动，从而实现汽化和燃烧。在此过程中，未完全燃烧的成分和轻质垃圾将在上部燃烧室进行悬浮燃烧。不可燃物和流动沙会沉积到炉底，并随后被排出。经过分离后，流动沙被再次引入炉内进行循环使用。

尽管流化床式焚烧炉在技术上具有明显的优势，但其实际应用中也存在一些挑战。首先，为了确保垃圾在流化床中呈现沸腾燃烧状态，进入炉内的垃圾必须经过适当的预处理，以确保其尺寸不超过50毫米。然而，当前的垃圾预处理技术在全球范围内尚未完全成熟。预处理设备的稳定性和效率仍是一个关键的技术挑战。流化床式焚烧炉的运行和操作要求较为严格。如沸腾温度过高，大量细小物质可能被排放出炉外，造成环境污染。反之，如果沸腾不充分，处理效率将受到影响。这些技术挑战在一定程度上限制了流化床式焚烧炉的广泛应用。尽管如此，随着技术进步和研发的持续推进，流化床式焚烧炉仍然被认为是未来固废处理的一个有前景的方向。

3. 回转窑式焚烧炉

回转窑式焚烧炉采用的是一种经典且成熟的焚烧技术。结构上，它主要包括废物接收和储存区、进料系统、炉体、废热回收单元及二次污染控制设备。其中，炉体设计为一个倾斜的圆筒结构，以低速旋转。当垃圾从炉体的高端被送入，它会在筒内进行翻滚和燃烧，直至完全燃烧后的灰烬从筒体的低端被排出。

这种焚烧炉的显著特点是广泛的燃料适应性。回转窑可以处理多种不同性质的废弃物，并具有持续长时间运行的能力。对于低热值和高含水量的垃圾，回转窑可能面临焚烧效率的挑战。与其他焚烧技术相比，回转窑的处理能力相对较低。设备的封闭性要求也较高，这使得其初期投资和维护成本较高。因此，尽管其技术上具有优势，但从经济性角度来看，其在大规模垃坂处理应用中的潜力可能受到限制。目前，回转窑式焚烧炉主要用于处理医疗垃圾和其他特定的危险废物，这些废物通常需要更为严格和精细的处理方法。

（三）垃圾焚烧的产物与处理

1. 焚烧烟气的处理

生活垃圾成分复杂，所以焚烧过程中会发生许多化学反应。烟气中除了过量的空气和二氧化碳外，还有粉尘、酸性气体、重金属和有机污染物四类焚烧烟气污染物，对人类和环境有直接或间接危害，如表6-2所示。①

表6-2　焚烧的主要污染物及其处理方法

主要污染物	污染物组成	危害	处理方法
粉尘	惰性金属盐类、金属氧化物或不完全燃烧物质等颗粒物	其中含有的重金属元素，可能致癌、致突变、致畸性	采用高效除尘器（如机械除尘器、过滤式除尘器、湿式除尘器和电除尘器）进行净化。目前除尘效率较高且应用最为广泛的是布袋除尘器，除尘效率可以超过99%

---

① 杨鲁.纠结的生活垃圾 [M].成都：西南交通大学出版社，2018：36.

续　表

主要污染物	污染物组成	危害	处理方法
酸性气体	氯化氢（HCL） 氟化氢（HF）	HCL 和 HF 都是无色有刺激性气味的气体，极易溶于水，毒性强。HCL 可能腐蚀人类的皮肤和黏膜，甚至导致肺水肿，或致死，会导致植物叶子褪色坏死，会腐蚀焚烧设备。HF 容易造成人体骨骼、牙齿畸形。焚烧过程中 HF 比 HCL 产生量少	①湿法洗涤法：利用碱性溶液作为吸收剂，对焚烧烟气进行洗涤，通过酸碱中和反应将 HCL 和 SO_x，去除。效率高，可以去除 HG 等挥发性重金属，但投资高，耗水电，产生废水需处理 ②干法净化：石灰粉末喷涂入炉内或烟道内，使之与酸性气态污染物反应，然后进行气固分离。投资低，操作维护简单，耗水电少，药剂消耗大，去除效率较低 ③半干法。利用雾化器将熟石灰浆喷入反应器，烟气与石灰浆接触反应，水分在反应器内完全蒸发，不产生废水。去除效率高但系统复杂
	SO_x（主要是SO_2）	SO_2影响人体的呼吸系统，严重可致人死亡	
酸性气体	NO_x（以 NO 为主，其含量超过 95%）	NO 本身无刺激性，但能作用于动物的中枢神经系统，损害人和动物的各身体组织，浓度高时短时间即可引起麻痹、惊厥甚至死亡	①燃烧控制法：通过低氧气浓度燃烧，避免高温来控制NO_x的产生，但是氧气浓度低时易引起不完全燃烧，产生 CO 进而产生二噁英 ②无氧化剂脱氮法：向焚烧炉内喷尿素或氨水，生成氮气从而去除NO_x ③催化脱氮法：在催化剂表面有氨气存在下，将NO_x还原为氮气

主要污染物	污染物组成	危害	处理方法
重金属污染物	铅、汞、铬、砷及其化合物，其他重金属及化合物	不能被微生物分解，并且会在生物体内富集或形成其他毒性更强的化合物，通过食物链对人体造成危害	重金属以固态、气态和液态的形式进入除尘器，当烟气冷却时，气态部分转变为固态或液态微粒，被除尘器净化，其挥发性强的重金属仍为气态，可采用向烟气中喷入粉末状活性炭来吸附

2. 垃圾焚烧灰渣的处理

焚烧生活垃圾后，其残留物主要分为两类：炉渣和飞灰。炉渣是指在焚烧过程中从炉底排出的残留物，它主要包括灰分和不完全燃烧的物质。另一方面，飞灰是烟气中的颗粒物，通常由除尘设备捕集。

我国的《生活垃圾焚烧污染控制标准》（GB18485—2001），明确指出："焚烧炉渣与除尘设备收集的焚烧飞灰应分别收集、贮存和运输。""焚烧炉渣按一般固体废物处理，焚烧飞灰应按危险废物处理。"

炉渣，作为一般的固体废物，有多种处理和利用途径。由于其可能含有玻璃、陶瓷碎片以及重金属如铁、铜和铅，因此在处理前需进行筛分、重力分选和磁选等过程，以分离和回收其中的有价值物质。此后，对于炉渣中的重金属，需要进行固化处理，使其稳定不再对环境造成污染。炉渣的常见处理方法包括将其加入水泥后制成砖用于铺路，或直接送往垃圾卫生填埋场进行填埋。与炉渣相比，飞灰由于其高重金属含量，通常被视为危险废物并需进行特殊处理。常用的固化技术有水泥固化、沥青固化、塑料固化、烧结法和石灰固化等。经过固化处理的飞灰将被安全地送入填埋场，其中的重金属被封固在固化材料中，从而避免对环境造成进一步污染。

三、热解气化

热解气化技术构建于传统焚烧法之上，融合了热解、气化以及熔融固化的原理，为垃圾处理提供了一种先进的解决策略。该技术的主要优势在于能够达到垃圾无害化处理、显著体积减小、广范围物料适应性，以及高效回收能源和物质资源。自 20 世纪 90 年代中期以来，这种技术在许多工业化国家得到了广泛应用。

气化熔融技术的工作原理是在 450℃ ～ 600℃ 的还原性环境中对垃圾进行气化处理，生成可燃气体以及便于从中回收铁、铝等金属的残留物。随后，这些可燃气体被燃烧，同时使含碳的灰渣在 1 350℃ ～ 1 400℃ 的高温下熔融。这一过程将低温气化与高温熔融有机地结合在一起。与传统焚烧法截然不同的是，气化熔融技术能够对大量的城市生活废物，如废旧电器、电脑、电池、打印机耗材、医疗废弃物等进行高温分解，将其转化为热能，进而用于发电和供热。

与传统的焚烧方法相对照，气化熔融技术表现出显著的优势。首先，该技术在处理垃圾时能够实现显著的减容和减重。通过高温分解垃圾中的可燃成分，熔渣的致密性得以增强，从而实现约 70% 的减容和超过 85% 的减重。其次，该技术在二噁英的排放控制上展现出卓越性能。当前，全球领先的焚烧设备的二噁英排放标准约为 0.1pg/ m³，而利用气化熔融技术，这一排放值已经减少到 0.01pg/ m³。

气化熔融技术之所以能有效地控制二噁英，主要是因为以下两点。①

气化炉中产生的灰渣与可燃气体均进入约 1 400℃ 的高温熔融炉（通常为旋涡式设计）进行焚烧。这一过程确保了灰渣在高温下的停留时间超过 2 秒，满足了控制二噁英生成的"3T"技术要求——高温、长时间停留以及优良的湍流度。这不但可以全面摧毁垃圾中的二噁英及其前体物质，而且能够将大部分飞灰熔融并固化，从而避免在后续设备中生成二噁英的催化作用。其次，熔渣中的二噁英含量也大幅下降，使其对环境的潜在威胁大大减少。

PVC 类高氯树脂是垃圾中的主要氯源。当 PVC 开始气化时，特别是在 350℃ 的初始阶段，氯元素主要以 HCl 的形式释放。为了减少烟气中的氯元素含量，可以在此时添加石灰石、白云石等吸附剂进行定向脱氯。而在还原

---

① 　王海川，张永柱，周佩楠.废弃电子电器物资源化处理技术 [M].北京：冶金工业出版社，2019：34.

气氛中，及时脱除氯可以防止垃圾中的 Cu、Fe 等金属元素形成$CuCI_2$、$FeCI_3$等促使二噁英生成的催化剂，从而在低温下有效地抑制二噁英在烟道中的产生。

气化熔融方法有助于稳定固定有害的重金属。虽然传统的垃圾焚烧方式可能导致二次污染，如由汞、铅、镉、铬、砷及其化合物引起的重金属污染，但气化熔融技术为这一问题提供了解决方案。这些重金属都具有高毒性、在生物体中的累积性和在大气中的滞留性，对人体健康和生态环境带来严重威胁。在高温 1 400℃ 下，飞灰中的低沸点重金属部分会气化，部分会转移到熔渣中。灰渣中的SiO_2在此过程中形成 Si—O 网状结构，进而固化熔渣中的金属，生成稳定的玻璃状物质，大大减少了重金属的溶出。经过熔融处理，这些熔渣可以被冷却并稳定下来，确保重金属不会再溶出。热解气化技术还有其他优势，如垃圾不需要预先分类。这不仅降低了处理电子废物的费用，还缩短了处理时间，并能够产生热能和电能。

第三节　农村生活垃圾资源化利用的具体应用

农村生活垃圾资源化利用不仅是为了解决垃圾问题，更是为了实现资源的最大化利用。随着科技和实践的进步，农村生活垃圾已经在许多领域得到了成功的应用。

一、生物质能源的转化

生物质能源转化是将农村生活垃圾如农作物秸秆、木材和动植物废弃物等转换为可用的能源的过程，它对于农村地区具有重要意义。该过程不仅有助于解决垃圾的处理问题，还为农村地区提供了一种清洁和可再生的能源来源。

（一）原料来源丰富

农村地区的生活垃圾资源丰富，特别是农作物秸秆、木材和动植物废弃物。这些生物质材料的产生是农业和日常生活活动的自然结果。在丰收季节，大量的农作物秸秆被收割后留在田间，而在日常生活中，家庭和农业活动也会产生大量的木材和动植物废弃物。这些废弃物传统上可能被视为无价值的垃圾，但实际上是生物质能源转化的重要原料。它们包含了丰富的碳、氢和氧元素，具有一定的能量价值，可通过适当的技术转化为有价值的能源资源。

农作物秸秆如稻草、麦秆等，含有大量的纤维素和半纤维素，是生物质能源转化的良好材料。通过热解、气化或生物质发酵等技术，这些农作物秸秆可以转化为生物油、生物气或生物酒精。木材废弃物，包括枝条、树叶和木屑等，也含有丰富的有机物质，可通过不同的技术路径转化为可用的能源。动植物废弃物，如果皮、菜叶和动物粪便等，也是生物质能源转化的重要原料，它们含有丰富的有机物质和微生物，适合进行生物气发酵或其他生物质能源转化技术的处理。农村生活垃圾的资源化利用不仅能够为农村地区提供清洁、可再生的能源，降低能源成本，也有助于改善农村的环境卫生条件，减少传统的焚烧和填埋处理对环境的负面影响。生物质能源的开发也为农民提供了新的收入来源，推动了农村地区的经济发展和社会进步。

（二）转化技术

1. 热解气化

热解气化是一种将生物质物料在高温条件下转化为合成气和生物油的过程。在这个过程中，生物质在缺氧或低氧条件下被加热，导致生物质分解并产生气体、液体和固体三种产品。合成气主要由氢、一氧化碳和甲烷组成，可以用于燃料电池或通过燃烧发电。生物油则可以作为燃料，直接用于发电或供暖，也可以进一步加工成生物柴油或生物汽油。热解气化技术不仅可以处理多种类型的生物质废弃物，还可以通过选择不同的工艺参数和条件，控制产物的组成和产率，满足不同的应用需求。

2. 生物酒精发酵

生物酒精发酵技术是利用微生物将生物质中的糖类物质转化为生物酒精的过程。首先，生物质通过预处理和水解过程，将其中的纤维素和半纤维素转化为糖。其次，通过发酵过程，利用酵母或其他微生物将糖转化为乙醇。生物酒精是一种清洁燃料，可直接作为汽车燃料使用或与汽油混合使用。生物酒精发酵技术可以有效地处理农作物秸秆、食品废弃物和其他含糖的生物质废弃物，为农村地区提供可再生的燃料资源，同时减少环境污染和温室气体排放。

3. 生物甲烷发酵

生物甲烷发酵技术是利用微生物的厌氧消化能力，将生物质转化为生物气的过程。生物气主要由甲烷和二氧化碳组成，甲烷是一种高热值的燃气，可以用于发电、供暖和燃料。在生物甲烷发酵过程中，生物质在厌氧条件下，由一系列的微生物群体分解和转化，产生生物气和残渣。残渣可以作为有机肥料返回土壤，改善土壤结构。生物甲烷发酵技术适用于处理动植物废弃物、污泥和其他含水量较高的生物质废弃物，为农村地区提供清洁、可再生的能源，同时实现生物质废弃物的资源化利用和环境保护。

（三）效益

生物质能源的转化在农村地区呈现出多方面的效益，涵盖了环境、经济和社会三个层面。

从环境的角度来看，生物质能源的应用可以显著降低化石能源的依赖。化石能源的燃烧会产生大量的二氧化碳和其他温室气体，而生物质能源作为一种可再生能源，其燃烧过程基本上是碳中和的，因为它释放的二氧化碳是生物质在生长过程中吸收的。因此，生物质能源的使用能够显著降低温室气体排放，对改善环境质量和应对气候变化具有积极的意义。

从经济的角度来看，生物质能源的开发和利用为农民和当地社区提供了新的收入来源。农民可以通过销售农作物秸秆、木材和其他生物质废弃物，或参与生物质能源项目获得收入。生物质能源的本地生产和利用可以降低能源成本，减少对外购能源的依赖，提高农村地区的能源自给率。这对于推动当地的经济发展，提高农民的收入水平具有重要意义。

从社会的角度来看，生物质能源项目的实施可以为农村地区创造就业机会，增加农民的就业选择。通过参与生物质能源项目，农民和当地社区能够积累与能源开发和环境保护相关的知识和技能。这不仅可以提高农民和社区的建设能力，还可以增强他们的能源意识和环保意识。此外，生物质能源项目的实施也有助于促进社区的参与和团结，为农村地区的社会发展和进步提供支持。

二、建材的生产

农村生活垃圾的资源化利用在建材生产方面拥有巨大的潜力。将农村生活垃圾如稻草、麦秆和其他植物纤维转化为建材，不仅可以解决农村地区垃圾处理的问题，还能为农民和当地社区提供新的经济收入来源。

（一）绝缘材料的生产

农业废弃物，如稻草和麦秆，因其天然的物理和化学特性，被认为是制造绝缘材料的理想原料。这些农业废弃物的绝缘性能主要来源于其内部的空气空间，能有效降低热传导，进而提供良好的保温和隔热效果。在绝缘材料的生产过程中，稻草和麦秆通常会经历机械压缩和黏合剂固化的处理过程，以增强其结构完整性和持久性。

机械压缩是一种通过应用力量来减小农业废弃物体积的方法，它能提高材料的密度，从而增强其绝缘性能。在压缩过程中，稻草和麦秆的纤维结构被紧密地排列在一起，形成坚固的绝缘板或绝缘砖。此外，为了进一步提高绝缘材料的稳定性和耐用性，常会在压缩过程之中或之后加入适量的黏合剂进行固化处理。黏合剂的使用能确保绝缘材料在长时间使用或在不利环境条件下保持其形状和性能。

绝缘材料生产完成后，可以将其应用于建筑墙体和屋顶的保温隔热，以实现能源效率的优化。这不仅可以降低建筑的能源消耗，还能为农村地区的居民提供舒适的居住环境。将农村生活垃圾转化为有价值的建材产品，也为实现农村地区的资源循环利用和环境保护提供了一种有效的途径。

（二）板材的生产

农业废弃物，特别是稻草、麦秆和其他植物纤维，因其细胞结构和天然纤维的特性，被视为制造板材的潜在原料。这些天然纤维素材料通过热压和黏合剂固化技术，可以转化为多种板材，如颗粒板、纤维板和刨花板。在生产过程中，植物纤维被混合和均匀分布，然后通过热压工艺在高温和压力的条件下进行压缩，使纤维之间产生物理和化学键合。为了增强板材的结构完整性和耐用性，通常会加入适量的黏合剂进行固化处理。黏合剂的添加不仅能够提高板材的内聚力，还能在不同的环境条件下保持其形状和性能。这些由农业废弃物制成的板材具有一定的强度和刚度，可作为传统木材的替代品，广泛应用于家具、地板和墙体结构等多个领域。与传统木材相比，这些板材具有成本低、资源可再生和环境影响小的优势。它们的生产过程也相对简单，能够大规模地进行生产，满足农村地区对建材的需求。将稻草、麦秆和其他植物纤维转化为板材，可以实现农业废弃物的有效利用，为农村地区提供经济、环保的建材选择，也为解决农村地区的生活垃圾处理问题提供了一种可行的解决方案。这种资源循环利用方式展现了农业废弃物在建材生产中的应用潜力，为推动农村地区的可持续发展和环境保护提供了实践基础。

（三）生态建材的生产

利用农村生活垃圾生产建材是一种有效的资源回收方式，它可以显著降低传统建材生产过程中的环境影响。特别是植物纤维墙板和生物质混凝土，这两种基于农业废弃物的生态建材，不仅展示了良好的结构性能，还表现出显著的环境友好性。植物纤维墙板通常由稻草、麦秆和其他植物纤维制成，这些原料的获取相对容易，且成本低廉。通过精心设计和加工，这些植物纤维可以转化为具有良好绝缘性能和结构强度的墙板。与传统的墙板材料相比，植物纤维墙板具有更低的生产能耗和较小的碳排放量，符合绿色建筑材料的基本要求。生物质混凝土则是通过将生物质颗粒如木屑、稻壳等与传统混凝土材料结合，创建出一种新型的生态建材。生物质颗粒不仅可以作为填充材料，降低混凝土的密度，还能改善混凝土的绝缘性能。与传统混凝土相比，生物质混凝土具有较低的生产能耗和较小的碳足迹，同时提供了一种有效的生物质资源利用途径。生态建材的生产不仅为农村地区提供了一种经济、环保的建材选择，也为推动农村地区的环境保护和可持续发展提供了实践基础。将农村生活垃圾转化为生态建材，实现了资源的循环利用，降低了环境污染，为促进农村地区的绿色建设和环保事业的发展贡献了力量。生态建材的研发和应用也为解决农村地区生活垃圾处理问题提供了一种创新的解决方案，显示了农村生活垃圾资源化利用的巨大潜力和多方面的社会、经济效益。

（四）其他特定用途的建材

除了常见的建材产品，农村生活垃圾还可以用于研发具有特定功能的建材产品。例如，可研制具有防火、防霉或抗菌性能的建材。这类特定功能的建材产品不仅能满足特定的建筑需求，也能为农村地区的建设提供更加多元化的材料选择。

在防火建材的研发中，可以通过将农业废弃物如稻草和麦秆与防火剂进行混合和处理，以提高材料的防火性能。通过精心设计和加工，也能确保这些防火建材具有良好的结构性能和绝缘性能。防火建材的应用不仅能提高农村建筑的安全性，也能为农村地区的火灾防控提供有效的材料支持。

防霉和抗菌建材的研发则需要考虑农业废弃物的天然特性和加工处理技术。合适地处理和添加抗菌抗霉剂，可以使得由农村生活垃圾制成的建材具有良好的抗菌和防霉性能。这些特性对于保持农村地区建筑的内部环境健康和清洁具有重要意义。

农村生活垃圾的资源化利用对于缓解农村地区的垃圾处理压力、推动农村地区的环保建设和可持续发展具有重要意义。研发具有特定功能的建材产品，不仅能够实现农村生活垃圾的高值化利用，也能为农村地区的建设提供更加多元化和个性化的材料选择。特定功能的建材产品的研发和应用也为推动建材科学和技术的创新提供了新的方向和可能。在面对资源和环境压力日益增大的情况下，农村生活垃圾的资源化利用和特定功能建材的研发具有广泛的应用前景和巨大的社会经济价值。

三、饲料的生产

农村生活垃圾的资源化利用在饲料生产方面展现了极高的应用价值。食物残渣、蔬菜和果实等有机废弃物，经过适当的处理和发酵过程，可以转化为营养丰富的动植物饲料。

（一）预处理阶段

收集和分类环节的目标是从源头上获取适宜于发酵处理的有机废弃物。农村生活垃圾的组成多样，包括食物残渣、蔬菜、果实和其他有机物质。对这些废弃物进行有效的收集和分类，是确保资源化利用过程顺利进行的前提。在实际操作中，需对生活垃圾进行精细的分类，将食物残渣、蔬菜和果实等有机废弃物分离出来，以便为后续的处理做好准备。这一环节要求有严格的分类标准和操作规程，以保证得到的有机废弃物质量和数量满足后续处理的要求。有机废弃物的分类完成之后，接下来的粉碎和混合环节则是为了优化废弃物的物理形态，以保证其在后续发酵过程中的均匀性。通过粉碎机械，将分类后的有机废弃物粉碎至一定的粒度，有利于增加废弃物的表面积，进而提高微生物降解和营养成分转化的效率。而混合操作则是为了实现不同来源和类型有机废弃物的均质化，通过混合，可以实现废弃物中各种营养成分的均匀分布，为后续的发酵处理创造有利条件。

预处理阶段是一个系统而细致的过程，它直接关联到后续发酵和饲料生产的效率及最终产品的质量。有效的收集和分类，以及粉碎和混合，不仅能实现农村生活垃圾的有效利用，还能为农村地区的环境保护和资源循环利用提供可靠的技术支持。这一阶段的操作也为农村地区的饲料生产提供了丰富的原料资源，为后续的农业生产和农村经济发展提供了良好的基础。

（二）发酵处理

发酵处理是核心环节之一，其主要目的是通过微生物的生物降解作用，将有机废弃物转化为具有较高营养价值的饲料。微生物发酵技术在此过程中发挥了关键作用。通过添加适宜的微生物菌种，可以促进有机废弃物中的有机物质的降解和营养成分的转化。适宜的微生物菌种能够高效地分解有机废弃物中的碳水化合物、蛋白质和脂肪等主要成分，转化为微生物生长所需的营养物质，也为最终的饲料产品提供了丰富的营养成分。微生物发酵不仅能提高废弃物的营养价值，还能促进有害物质的降解，提高饲料的安全性。发酵条件的控制是确保发酵过程顺利进行和产生高质量饲料的重要环节。在微生物发酵过程中，温度、湿度和氧气供应等条件的适宜控制能够创造有利于微生物生长和活动的环境，从而提高发酵效率和最终饲料产品的质量。温度是影响微生物活性和生长速度的重要因素，适宜的温度能够保证微生物的快速生长和有机物质的高效降解。湿度的控制则影响微生物发酵过程中的水分交换和废弃物中营养成分的可利用性。氧气供应对于某些需氧微生物的生长和废弃物的降解过程至关重要，适当的氧气供应能够保证有机物质的充分氧化和能量的有效释放。

通过精准的发酵条件控制和适宜的微生物菌种的添加，可以实现农村生活垃圾有机废弃物的高效转化和饲料产品的高质量生产。微生物发酵技术和发酵条件控制的适宜应用，不仅为农村地区提供了一种有效的有机废弃物处理和资源化利用途径，还为农村地区的畜禽生产提供了高质量的饲料资源，为推动农村地区的可持续发展和环境保护提供了有力的技术支持。

（三）后处理和配方设计

发酵后的后处理和配方设计是饲料生产的关键环节，它决定了最终饲料产品的质量和应用效果。发酵后的产品通常包含了丰富的营养成分，但可能不能完全满足不同动植物的营养需求。因此，根据动植物的特定营养需求对发酵后的产品进行配方优化是必要的。通过科学的配方设计，可以确保饲料中营养成分的均衡，提高饲料的营养价值和应用效果。在配方优化过程中，可能会添加一些必要的营养成分，如蛋白质、矿物质和维生素等，以补充发酵产品中可能存在的营养缺陷。这样的配方优化不仅能提高饲料的营养水平，还能根据不同动植物的需求提供个性化的饲料解决方案。

随着配方的完成，接下来的饲料制备环节则是将优化后的配方转化为适合不同动植物饲喂需求的实际产品。饲料的形态对于其实际应用具有重要影响，不同的动植物可能需要不同形态的饲料。在饲料制备过程中，要将配方好的饲料通过相应的设备和技术，压缩成固态或制成液态，以满足不同动植物的饲喂需求。固态饲料具有较好的保存性和便于运输的特点，而液态饲料则具有较好的适口性和易于消化吸收的优势。通过合理的制备工艺，可以保证饲料产品的质量和适用性，也为实际的饲喂提供了便利。

后处理和配方设计的科学合理性直接关系到农村生活垃圾资源化利用的效果和最终饲料产品的应用效果。通过科学的配方设计和合理的饲料制备，可以充分发挥农村生活垃圾资源化利用的价值，为农村地区的畜禽生产提供高质量的饲料资源。

（四）质量控制与监测

质量控制与监测是农村生活垃圾资源化利用过程中不可或缺的环节，它直接关系到最终饲料产品的质量和使用安全。在饲料生产的各个阶段，都需要进行严格的质量控制和监测，以确保产品质量的稳定和可靠。

对于已经生产出的饲料，定期的质量检测是必要的。这包括对饲料中的营养成分、有害物质、微生物指标等进行检测，以确保其符合相关的饲料质量标准。通过对动植物生长的监测，可以评估饲料的实际效果，包括其对动植物生长、发育和健康的影响。质量检测和效果评估可以为饲料的进一步优化提供重要的数据支持，也能为消费者提供可靠的产品质量保证。

安全评估则是为了保障饲料的使用安全。由于农村生活垃圾的复杂性，即使经过发酵和后处理，仍然可能存在一些潜在的安全风险，如有害微生物和有毒有害物质的残留。安全评估包括对饲料中可能存在的有害物质、有害微生物、重金属等进行检测，确保其在安全范围内。通过对动植物的实际饲

197

喂效果和健康状况的监测，可以进一步评估饲料的使用安全性。如果发现存在安全风险，需要及时调整生产工艺和配方，以消除安全隐患，保障动植物和人类的健康。

四、工艺品和家居用品的制作

农村生活垃圾资源化利用在工艺品和家居用品的制作方面展现出显著的潜力和价值。废旧布料、塑料和玻璃等物料通过重新加工和设计，能够得以转化为具有艺术或实用价值的工艺品和家居用品。这种转化不仅实现了资源的循环利用，也为农村地区创造了附加的经济价值，还为推动农村地区的可持续发展和环境保护提供了有效途径。

废旧布料通过适当的清洗、切割和缝制，可以制作成各种艺术品或实用的家居用品，如垫子、包包和装饰品等。这种转化过程不仅能够减小废旧布料的处理压力，还能为农村地区提供一种创意和收入的来源。废旧布料的再利用也能为农村地区的文化和艺术创作提供丰富的素材和灵感。

废旧塑料和玻璃的再利用则需要相对复杂的加工过程。例如，废旧塑料可以通过熔融、模压等方式制成各种形状和用途的新产品，而废旧玻璃则可以通过切割、熔融和吹制等方式制作成艺术品或日用品。通过合理的设计和加工，废旧塑料和玻璃不仅能够得到有效的利用，还能为农村地区创造新的价值。

第四节　农村垃圾资源化利用的普及

随着全球对环境保护和可持续发展的日益关注，农村垃圾资源化利用逐渐成为研究和实践的焦点。然而，尽管其潜在的环境和经济效益已被广泛认识，农村垃圾资源化利用在许多地方仍然不够普及。

一、教育和宣传的重要性

（一）教育的重要性

农村垃圾资源化利用的推广不仅仅是技术和经济问题，更是一项教育任务。教育在普及策略中占据核心地位，因为它直接影响到农民的认知、态度和行为。

1. 提高农民的知识水平

提高农民的知识水平在农村垃圾资源化利用的普及中起着至关重要的作用。尽管农村地区在过去几十年中经历了迅速的现代化和技术进步，但对于垃圾资源化利用的知识和技能，仍然存在明显的盲点或误区。这些盲点可能源于长期以来的传统观念、缺乏科学教育的机会或是与外界的信息隔绝。系统的教育是突破这些盲点的关键。通过有针对性的课程、工作坊和培训，农民可以了解垃圾资源化利用的基本概念、科学原理和技术方法。例如，他们可以学习到垃圾不仅是一个环境问题，更是一种潜在的资源。食物残渣、植物废弃物等有机垃圾可以转化为肥料或能源，而金属、玻璃和塑料等可回收材料可以重新进入生产流程，减少对新资源的需求和对环境的影响。

教育还可以揭示垃圾资源化利用的实际效果和好处。农民可以了解到，正确的垃圾处理和利用不仅可以改善生态环境，还可以为他们带来经济利益，如节省购买化肥的费用、出售可回收材料的收入或者通过生物质能源减少能源费用。

2. 塑造积极的态度和观念

塑造积极的态度和观念对于农村垃圾资源化利用的成功至关重要。传统的观念往往将垃圾视为无价值的废弃物，而忽略了其内在的潜在价值。这种观念的存在可能会导致资源的浪费，加剧环境问题，并制约农村的可持续发展。因此，对于农民来说，重新认识和评估垃圾的价值是至关重要的。

通过系统的教育和培训，农民可以重新认识到垃圾中所蕴含的资源价值。例如，食物残渣和植物废弃物可以转化为有机肥料，为土地提供养分；而金属、塑料和玻璃等可回收材料则可以再次进入生产循环，减少对新资源的依赖。这种从垃圾中寻找和利用资源的观念是塑造积极态度的基础，教育还可以帮助农民建立正确的环保观念和社会责任感。他们会认识到，垃圾的随意丢弃和不当处理不仅会污染环境，还可能对人类健康和生态系统带来潜在威胁。相反，正确的垃圾处理和资源化利用可以带来多方面的好处，如改善生态环境、促进经济发展和提高生活质量。这种认识会激发农民的积极参与意愿，使他们更加主动地参与垃圾的分类、回收和利用。

3. 培养实践能力

农民需要掌握如何区分有机垃圾、可回收垃圾和有害垃圾的知识，并了解每种垃圾的处理和再利用方法。这要求农民不仅要知道各类垃圾的特点，还需要具备判断和操作的能力，确保垃圾被正确分类和处理。资源化利用的方法和技术操作也是农民需要掌握的关键实践能力。例如，如何将食物残渣和植物废弃物转化为有机肥料？如何回收和处理金属、塑料和玻璃等可回收材料？以及如何使用相关设备和技术进行垃圾处理？这不仅需要农民了解相关的理论知识，还要求他们具备实际操作的能力。

通过实践训练，农民可以在真实环境中模拟垃圾资源化利用的全过程，从而加深对相关知识和技能的理解。这种模拟实践不仅可以帮助农民巩固所学，还可以帮助他们发现和解决实际操作中可能遇到的问题，提高垃圾资源化利用的效率和效果。

4. 建立长期的学习机制

建立长期的学习机制对于农村垃圾资源化利用至关重要。随着技术的进步和环境需求的变化，垃圾处理和资源回收的方法也在不断地更新和进化。因此，农民需要持续地更新知识和技能，确保其方法和技术始终处于行业的前沿。定期的培训可以为农民提供最新的信息和技巧，使他们能够更加高效地进行垃圾资源化利用。研讨会则提供了一个平台，供农民交流经验、分享成功案例和探讨遇到的问题，从而不断优化和完善实践方法。实地考察则使农民有机会亲身体验和学习其他地区或国家的成功实践，从而为本地的垃圾资源化利用带来新的思路和方法。

综上所述，长期的学习机制不仅可以确保农民持续地提高垃圾资源化利用的效率和效果，还能够培养其持续学习和创新的习惯，为农村的可持续发展做出更大的贡献。

（二）宣传的重要性

宣传作为一种信息传播和意识形成的工具，在农村垃圾资源化利用的普及策略中同样占据重要位置。

1. 提高公众的认知度

提高公众的认知度是实现农村垃圾资源化利用目标的关键步骤。宣传活动为农民提供了一个直观、有效的平台，使他们能够明白垃圾不仅是一个环境问题，更是一个潜在的资源库。通过广播、电视、社交媒体和村庄内的宣传海报，可以将垃圾资源化利用的重要性传达给每一个农户。此外，举办实地示范活动和工作坊，可以为农民提供一个实际体验和学习的机会，使他们更加信服资源化利用的实用性和可行性。随着农民对这一概念的认知度逐渐提高，他们也更有可能积极参与到垃圾分类和回收的活动中，从而使农村地区实现资源的最大化利用，减少环境污染，促进可持续发展。总起来说，通过宣传活动提高农村居民的认知度，不仅可以推动他们采纳和实践垃圾资源化利用，还可以营造积极的环境保护氛围，为农村的绿色未来打下坚实的基础。

2. 塑造正面的公众形象

塑造正面的公众形象对于推动任何社会变革都至关重要，特别是对于那些直接涉及日常生活习惯的变革。对农村垃圾资源化利用，这一点尤为明显。当垃圾资源化利用被宣传为一种时尚、环保且具有经济意义的行为时，农民更容易接受和实践。通过宣传片、成功案例分享，以及与垃圾资源化利用相关的正面新闻报道，可以强调这一行为对于环境保护、资源节约和经济增长的多重益处。正面的公众形象还可以激发农民的自豪感和归属感。当看到自己的努力被社会大众所认可，他们会进一步增强继续实践的动力。此外，正面形象的塑造还可以吸引更多的企业和组织参与到农村垃圾资源化利用的行列中，为其提供技术、资金和市场支持，进一步推动这一行为在农村地区的广泛普及。因此，宣传塑造正面的公众形象，不仅能够促使农民积极参与，还能为农村垃圾资源化利用创造一个良好的社会环境和发展氛围。

3. 激发公众的行动意愿

激发公众的行动意愿是宣传活动的核心目标之一。当农村居民了解到垃圾资源化利用的长远益处，并看到周围的邻居和社区已经开始实践，他们自然会产生跟随的冲动。通过展示农民通过资源化利用垃圾所获得的实际益处，如经济收入、环境改善和生活质量的提高，可以进一步加强这种行动意愿。宣传活动还可以通过明确的操作指南、技术演示和实地参观等方式，扫清农民实践垃圾资源化利用的障碍。当他们明确知道如何开始，并相信这一过程既简单又有效时，他们的行动意愿会更加强烈。适当的激励措施，如奖励、补贴或公认的荣誉，也可以进一步鼓励农民参与。总之，宣传不仅为农村居民提供了有关垃圾资源化利用的知识，更重要的是，它为他们提供了实践这一理念的动力和信心。

4. 建立公众的监督机制

宣传活动在传递信息的同时也能够为公众提供一种监督和参与的途径。公众的参与和监督是确保垃圾资源化利用工作透明、公正和有效的关键。当农民了解到资源化利用的具体标准和程序时，他们可以更加积极地参与其中，确保垃圾资源化利用真实、公正地执行。当农民具备了监督的知识和技能，他们可以为垃圾资源化利用提供第一手的反馈和建议，帮助相关部门发现和解决问题。这不仅能够提高垃圾资源化利用的效果，还能够增强农民的归属感和信任感，使他们更加愿意长期参与和支持此项工作。公众的监督还可以避免潜在的腐败和不当行为。当农民能够对垃圾处理和资源化利用的每一个环节进行监督，相关部门和组织将更加注意自己的行为，确保其合规合法。这种从基层到上层的监督机制，为垃圾资源化利用提供了一个公平、透明和有效的运行环境。

二、技术和资金的支持

（一）设备和技术更新

设备和技术在农村生活垃圾资源化利用中的角色至关重要。随着科技的进步，新的技术和设备不断涌现，为农村生活垃圾的资源化利用带来了前所未有的机会。农村地区，尽管其生活垃圾产量相对较小，但由于地域分散、经济条件和基础设施的限制，面临着资源化利用的巨大挑战。技术和设备的更新尤为关键。新型设备可以更高效地对垃圾进行分类、处理和转化，而先进的技术则可以确保垃圾处理的安全性和环保性，最大限度地减少对环境的影响。例如，传统的垃圾处理方法可能会产生有害的气体和液体，而现代技术则可以将这些有害物质转化为无害或低害物质，甚至可以将其进一步转化为有价值的资源。政府和非政府组织在此过程中起到了桥梁和纽带的作用。政府和非政府组织不仅为农村地区提供资金支持，还引入了先进的技术和设备。这不仅降低了农村地区资源化利用的门槛，还为其带来了长远的经济和环境效益。政府和非政府组织还可以与研究机构和企业合作，共同研发适合农村地区的技术和设备，满足其特定的需求。技术和设备的更新也为农村地区带来了新的经济机遇。农村地区的垃圾处理将不再是简单的处置，而是变成一个有价值的产业。这不仅为农民提供了新的就业机会，还为地区经济的发展注入了新的活力。

（二）技术培训和人才培养

农村地区的资源化利用不仅仅是一个技术问题，更是一个人才问题。即使拥有最先进的技术和设备，如果没有经过培训的人员进行操作和管理，也难以使这些技术和设备发挥其应有的作用。农村地区的人才状况与城市相比存在一定差距，尤其在垃圾资源化利用这一新兴领域。许多农村人员可能缺乏相关的知识和经验，这使得他们在面对复杂的技术和设备时感到困惑和无所适从。系统的技术培训显得尤为重要。通过培训，当地人员可以掌握垃圾资源化利用的基本原理、技术流程和操作方法，从而确保技术和设备得到正确和高效的使用。除了基础的技术培训，人才培养也应该注重培养农村地区的技术领导力。这意味着，除了技术知识，还需要培养他们的创新意识、管理能力和战略思维。只有这样，他们才能够根据当地的实际情况，灵活调整和完善资源化利用策略，使其更加适应农村地区的特点和需求。

技术培训和人才培养不是一次性的活动，而是一个持续性的过程。随着技术的进步和市场的变化，农村垃圾资源化利用面临的挑战和机遇也在不断变化。培训和培养应该与时俱进，不断更新内容和方法，确保农村地区的人才始终处于行业的前沿。

（三）资金补助和激励机制

农村地区，由于其经济条件相对落后和基础设施不完善，往往在推进资源化利用项目时面临着资金短缺的问题。政府和非政府组织的资金补助显得尤为关键。这种补助可以帮助农村地区购买必要的设备、技术和培训，为资源化利用项目提供初始的启动资金，确保其顺利开展。仅仅依靠资金补助并不足以确保项目的长期成功和持续性。这就需要一个有效的激励机制来进一步鼓励和引导农村地区进行资源化利用。激励机制可以采取多种形式，如经济奖励、政策支持和技术指导等。

经济奖励是一种直接而有效的方法。政府可以为那些在资源化利用上取得突出成果的地区提供额外的奖励和支持，以此激励其他地区学习和模仿。激励机制还可以通过政策支持和技术指导来实现。政府可以为资源化利用的地区提供税收优惠、土地使用权和其他政策便利，从而降低其运营成本，提高项目的经济效益。而技术指导则可以帮助农村地区解决在实际操作中遇到的技术难题，提高资源化利用的效率和效果。

（四）建立合作机制

考虑到农村地区在经济和技术上的相对落后，与已有成功经验的城市或其他农村地区建立合作关系显得尤为关键。这种合作不仅可以帮助农村地区迅速引进和掌握先进的资源化利用技术，还可以为其提供必要的资金支持，确保项目的顺利开展。从技术角度看，农村地区往往缺乏必要的研发和技术转移能力。而与先进的城市或其他成功的农村地区建立合作关系，可以迅速获取先进的资源化利用技术和经验，避免在项目实施过程中出现技术瓶颈。例如，农村地区可以引进城市的垃圾分类、回收和处理技术。从资金角度看，农村地区的经济基础相对薄弱，可能难以承担资源化利用项目的高初始投资。而与经济相对发达的城市或其他农村地区建立合作关系，可以为其提供资金支持，降低项目的经济风险。此外，合作关系还可以为农村地区提供技术培训、设备购买和市场开拓等多种形式的资金支持，确保项目的长期稳定和持续发展。

建立合作机制还可以帮助农村地区构建资源化利用的产业链。例如，农村地区可以与城市的垃圾处理企业建立合作关系，为其提供原料，而城市企业则可以为农村地区提供技术和市场支持。这样，农村地区不仅可以获得经济利益，还可以提高资源化利用的社会效益。

三、村落参与和合作

农村垃圾资源化利用深受村落文化、结构和社会网络的影响。村落是最基本的社会单位，它在资源管理和社会互动中起到关键作用。因此，鼓励村落的参与和合作，确保资源化利用计划得到广泛的社会支持和认可，是实现农村垃圾资源化利用目标的关键。

（一）建立村民合作组织

村民组织的存在与活动已成为农村社会结构的核心部分。传统的村民组织，如村委会和农民协会，不仅是社区的决策机构，还是村民之间沟通与协作的桥梁。这些组织承载着农村的传统和文化，受到村民的广泛尊重和支持。因此，利用这些组织来推广垃圾资源化利用具有天然的优势。

村民组织在推广垃圾资源化利用中起到了桥梁和纽带的作用。首先，这些组织深入农村基层，与村民建立了深厚的信任关系，使其成为宣传和推广资源化利用概念的最佳载体。借助这些组织进行宣传活动，可以确保信息的准确性和有效性，避免因信息扭曲或误解而导致的误导。

资源化利用需要相应的技术和操作方法，而这些知识和技能对农村居民来说往往是全新的。通过组织培训活动，村民可以在短时间内掌握垃圾分类、回收和资源化利用的基本技能。这不仅提高了村民的操作效率，还降低了错误和事故的发生率。村民是垃圾资源化利用的直接受益者，他们的参与度直接影响到项目的成功与否。村民组织可以鼓励村民参与垃圾分类、回收和利用，并将其转化为一种习惯和责任。这不仅提高了资源化利用的效果，还培养了村民的环保意识和社会责任感。

（二）提供垃圾分类和回收服务

农村地区的垃圾处理方式长期以来简单而原始，导致大量有价值的资源被浪费，同时对环境造成了一定的负面影响。在农村社区内部设立专门的垃圾分类和回收点，成为解决该问题的有效策略。这种做法不仅对村落的环境健康有着直接的正面影响，还与农村地区的经济发展和文化建设息息相关。设立垃圾分类点意味着每一位村民在日常生活中都需要对家庭垃圾进行分类。这样的做法可以使得有价值的资源如金属、塑料和纸张等得到有效的回收利用，而不是被简单丢弃或焚烧。这一变化不仅减少了资源的浪费，还降低了环境污染的风险，确保土壤、水源和空气清洁。

垃圾分类和回收点的存在，使得村民们在日常生活中逐渐养成了环保的习惯。每一次他们将垃圾分类后放入相应的回收箱，都是对环境的一次有意识的保护。这种日常的、微小的行动，实际上在无形中培养了村民的环保意识和责任感。这种环保的意识和行为将深入人心，成为村落文化的一部分。垃圾分类和回收点的设立，对于农村地区的经济发展也有积极的推动作用。回收的资源可以在市场上得到再次利用，为村落带来经济效益。垃圾分类和回收服务的运营也需要人员，为村民提供了就业机会，促进了当地的经济发展。

（三）与其他村落和外部机构合作

农村地区的资源化利用所面临的挑战，往往超出了单个村落的解决能力，因此建立跨村落和外部机构的合作关系显得尤为重要。在资源有限的情况下，多个村落之间可以通过建立合作机制，实现资源、经验和技术的共享，从而达到集群效应，提高资源化利用的效率和效果。例如，相邻的几个村落可以共同建设一个资源化利用处理中心，利用规模效应降低单位处理成本，这种合作还可以促进村落间的经验交流和技术传播，帮助各村落不断优化自己的资源化利用策略。

外部机构在推动农村垃圾资源化利用中也扮演着不可或缺的角色。政府部门可以为村落提供政策指导和资金支持，确保资源化利用工作的顺利进行；非政府组织和研究机构则可以提供技术指导、培训服务和项目管理经验。这些外部支持不仅可以帮助村落快速引进和掌握先进的资源化利用技术，还可以为其提供持续的管理和技术支持，确保资源化利用工作的持续和稳定。此外，与外部机构的合作还可以为村落带来更广阔的视野和更多的合作机会，推动村落在资源化利用领域实现更大的突破和更快的发展。

（四）强化村落文化的正面作用

农村的传统文化往往强调与自然的和谐共生，重视环境保护和资源的节约。这为推广资源化利用提供了良好的文化基础。许多农村地区都有珍惜食物、反对浪费的传统，这可以被用作宣传资源化利用的切入点，引导村民将这种传统观念延伸到垃圾的处理和回收上。农村地区的节日活动具有强烈的社区凝聚力。利用这些活动进行资源化利用的宣传和教育，不仅可以增强宣传的效果，还可以进一步加强社区的凝聚力，鼓励村民共同参与和支持资源化利用项目。例如，可以在村庙会或其他传统活动中设立资源化利用展览和演示，或组织垃圾分类和回收的比赛，激发村民的参与热情。利用传统的教育方法，如故事和戏剧，传播资源化利用的知识和技能，可以更加贴近村民的生活实际，增强教育的吸引力和针对性。创作关于垃圾分类和资源化利用的民间故事或戏剧，通过村民自己的演出方式，将这些知识和技能传播给全村人。

四、长期规划和持续改进

农村地区的生活垃圾治理与城市地区相比，存在着独特的挑战。这些挑战包括地域分散、基础设施不足、技术和资金短缺，以及村民对垃圾资源化利用知识和意识的缺乏。因此，单纯依赖短期的项目和措施很难取得持久的效果。为了实现农村垃圾资源化利用的长期和可持续发展，必须进行长期规划和持续改进。

（一）长期规划能够为农村垃圾资源化利用提供明确目标和方向

长期规划在农村垃圾资源化利用中发挥着至关重要的角色，为整个过程提供了清晰的目标和方向。农村地区生活垃圾的产生量、种类和分布的系统分析揭示了这些地区在资源化利用中面临的主要挑战和机遇。这种分析不仅帮助确定了农作物残渣和畜禽粪便这些常见垃圾的处理方法，更进一步明确了优先发展的领域，如有机肥生产和生物能源利用。这种优先级的设定确保了资源利用的针对性和有效性。

在农村地区，生活垃圾的种类和数量可能因地域、季节和农作物种植模式的不同而有所变化。例如，某些地区可能主要产生稻草和玉米秸秆，而其他地区则可能主要产生果树枝叶和蔬菜残渣。这种多样性要求资源化利用项目必须具有足够的灵活性，以应对不同的需求和情境。长期规划提供了一个框架，帮助决策者预测和应对这些变化，确保资源化利用始终保持高效和有针对性。农村地区的生活垃圾资源化利用也受到当地经济、文化和社会因素的影响。长期规划考虑了这些因素，确定了最合适的技术、方法和策略。这不仅确保了资源化利用与当地条件相适应，还提高了项目的社会接受度和经济效益。

（二）持续改进是保证资源化利用项目长期效果的关键

持续改进是农村垃圾资源化利用项目的生命线。随着农村地区的人口增长、经济发展和消费习惯的变化，生活垃圾的种类、数量和性质也会发生变化。这意味着，早期制定的资源化利用策略和方法可能随着时间的推移而变得不再适用或效率不高。在这种背景下，未经调整和改进的资源化利用项目可能会遭遇各种挑战，如处理能力不足、技术过时或经济效益下降。

新的技术和方法的出现为农村地区提供了更多的选择和机会。但是，单纯地追求新技术并不一定能带来更好的效果。持续改进要求决策者具有前瞻性和创新意识，能够根据实际情况选择最适合的技术和方法。这不仅包括技术的选择和应用，还包括项目管理、资金分配和人员培训等多个方面。只有这样，才能使资源化利用项目始终保持高效和有针对性。

持续改进也意味着项目的透明度和公开性。定期评估资源化利用的效果和效益，可以为决策者、项目参与者和公众提供重要的反馈信息。这些信息不仅可以帮助找出项目的不足和问题，还可以为未来的改进提供宝贵的经验和参考。透明度和公开性还可以增强项目的社会接受度和信任度，鼓励更多的人参与和支持资源化利用。

第七章　结论与展望

第一节　主要结论

一、农村生活垃圾问题的严重性

（一）环境污染与生态破坏

农村地区的生活垃圾管理和处理问题已逐渐成为环境科学和社会经济学的研究焦点。这些地区，由于各种原因，尤其是管理机制和技术设施的缺乏，经常遭受垃圾处理不当所带来的众多后果。相关的环境污染和生态破坏问题尤为突出，严重影响到土地、水和空气的质量，进而威胁农村的可持续发展。

生活垃圾中的有机物在分解过程中会产生各种有害物质，如重金属、有机污染物和致病性微生物。这些物质能够进入土壤，改变土壤的化学性质，影响土壤的结构和功能。长期的土壤污染可能导致土地退化，影响土地的生产力，从而对农作物的产量和质量产生不利影响。生活垃圾中的有机物和致病性微生物在雨水的冲刷下容易进入地下水和地表水体。这不仅威胁到农村居民的饮用水安全，还可能导致水生生态系统的破坏。鱼类和其他水生生物可能会因为水质恶化而大量死亡，影响农村的渔业资源和生态平衡。随意堆放的生活垃圾在自然降解过程中会释放出甲烷、硫化氢和其他有害气体。这些气体不仅对人体健康造成威胁，还可能加剧温室效应，导致气候变化。特别是有害垃圾如电池和农药包装，在不适当的处理下，可能释放出大量的有毒有害物质，对农村居民的健康造成严重威胁。

农村生活垃圾问题不仅仅是一个简单的垃圾处理问题，更是一个涉及环境、健康和经济的复杂问题。为了保护农村的环境和居民的健康，必须加强生活垃圾的管理和处理，推动垃圾减量、资源化利用和无害化处理技术和策略的研发与应用。

（二）农村居民健康威胁

生活垃圾的组成复杂，其中有机物、致病性微生物和化学物质在自然环境中的积累和转化，可能产生一系列的生态效应。这些物质在土壤中的累积会影响土壤的生物活性，进一步影响作物的生长和食品的安全性。有些有害化学物质如重金属和农药残留，能够在食物链中生物放大，最终进入人体，对人体健康产生慢性影响。地下水是农村地区的主要饮用水源。垃圾堆放地附近的地下水容易受到污染，导致饮用水安全问题。一些有害化学物质和致病性微生物能够通过地表径流和土壤渗透进入地下水体，使得水质恶化。长期饮用这样的水源会增加患病的风险，如肠胃疾病、肝脏疾病等。垃圾堆放地还可能成为各种疾病的滋生地。蚊蝇等害虫在这些地方繁殖，容易传播疾病如疟疾、登革热等。致病性微生物在垃圾中的大量繁殖，通过空气、食物和水传播，增加了疾病的暴发风险。

农村地区的生活垃圾处理问题不仅是一个环境问题，更是一个紧迫的公共健康问题。为了确保农村居民的健康，必须加强生活垃圾的管理和处理，减少环境污染，控制疾病的传播。这需要政府、社区和个人共同努力，采取综合性的策略和措施，确保农村地区的生活垃圾得到有效、科学的处理。

（三）资源浪费与经济损失

生活垃圾在其复杂的组成中蕴含着巨大的资源价值。不论是有机物、金属、纸张，还是塑料等，这些物质都有其再生和回收的可能性。然而，由于多种原因，这些潜在的资源未被充分利用，从而导致资源的浪费和相应的经济损失。

有机物是农村生活垃圾中的主要组成部分，其通过合适的处理方法，如堆肥、厌氧消化等，可转化为有价值的产品，如生物肥料和生物气。这些产品不仅可以为农田提供养分，还可以作为清洁能源来源，从而带来经济和环境双重效益。金属、纸张和塑料等非有机物质则有其特定的再生和回收路径。例如，金属可以经过熔炼和再生工艺重新进入生产流程，而纸张和塑料则可以通过相应的再生技术转化为新的产品。这些回收和再生过程不仅可以减少对原始资源的依赖，还可以为农村地区带来经济效益。

然而，农村地区的垃圾处理和资源化利用技术相对落后，导致了大量的资源浪费。这种浪费不仅体现在物质资源上，更体现在随之而来的经济损失上。每年，由于垃圾中的可回收资源未被妥善利用，农村地区损失了大量的经济效益。这种损失不仅包括资源的直接价值，还包括因环境污染导致的健康成本、土地退化等隐性损失。

二、农村生活垃圾治理的重要性

（一）环境可持续性的守护者

农村生活垃圾治理对于维护环境的可持续性具有至关重要的作用。随着农村地区的发展和居民生活水平的提高，垃圾的产生量呈现出逐年上升的趋势。如果这些垃圾没有得到有效的管理和处理，它们将对农村的生态环境构成长期且深远的影响。

土壤是农村生态系统的基础，对于农作物生长和农民的生活都至关重要。不当的垃圾处理，如简单的堆放或随意丢弃，可能会导致有害物质渗入土壤，从而破坏土壤的物理、化学和生物特性。随着时间的推移，这些有害物质可能会积累到一个危险的水平，从而影响土壤的生产力。土壤中的有害物质可能会进入食物链，影响作物的质量和食品安全。

农村地区往往以地下水作为主要的饮用水源。不当的垃圾处理可能会导致有害物质渗入地下水，对饮用水质量构成威胁。此外，地表水也可能受到污染，影响到农田灌溉和水生生物的生存。水体污染不仅对农村居民的健康构成威胁，还可能导致对生态系统的长期破坏。随意的垃圾焚烧会释放大量的有害气体和颗粒物，对农村居民的呼吸健康构成威胁。长期的空气污染还可能导致气候变化，影响农村地区的气候和天气模式。

（二）农村居民生活质量的提升

农村居民的生活质量与其周围环境的状况紧密相连。环境的干净与否，直接影响到居民的生活满意度、健康状况和心理状态。因此，农村生活垃圾的治理，不仅是一个环境问题，更是一个与人们日常生活息息相关的社会问题。

在农村地区，由于垃圾处理体系的不完善，常常可以看到生活垃圾随处堆放，这不仅对环境造成污染，更直接影响到农村居民的日常生活。垃圾滞留的地方往往散发出恶臭，吸引蚊蝇滋生，这些都给居民带来了很大的不便。长时间生活在这样的环境中，居民的心理健康也会受到影响。人们可能会感到压抑、焦虑，甚至对未来失去信心。这种环境对于儿童和老年人的影响尤为严重，他们的身体和心理都更为脆弱，更容易受到外部环境的影响。

垃圾堆积地可能成为疾病媒介生物的滋生地。这些生物可能会传播各种疾病，如疟疾、登革热等。这不仅增加了农村居民的健康风险，也增加了医疗费用和对社会资源的需求。有效的垃圾治理可以从根本上解决这些问题，为农村居民创造一个健康、安全的生活环境。清洁的环境可以提升居民的幸福感，提高他们的生活满意度，进而促进农村地区的社会和谐和稳定。

（三）为农产品提供安全、干净的生产环境

农村生活垃圾治理对于确保农产品的安全和质量具有至关重要的作用。农业，作为农村地区的经济支柱，其产出的农产品不仅能满足本地的消费需求，还能为城市和其他地区供应食物。因此，农产品的安全性和质量直接关系到广大消费者的健康和生活质量，同时影响到农村地区的经济利益。

当生活垃圾得不到妥善处理时，可能导致有害物质和致病性微生物进入食物链。这些物质和微生物会对土壤、水源产生污染，从而影响到农作物的生长和畜禽的健康。例如，某些化学物质可能会导致土壤中的有益微生物数量减少，影响土壤的肥力；致病性微生物的传播可能会导致农作物疾病的暴发，影响农作物的产量和质量。更为严重的是，这些有害物质和致病性微生物可能会通过食物链进入人体，对人体健康造成长期的不良影响。

除了对农产品的直接影响，生活垃圾的不当处理还可能影响农产品的市场竞争力。随着消费者对食品安全的关注度逐渐提高，农产品的安全性和质量成为决定其市场竞争力的重要因素。农村地区如果能够有效地治理生活垃圾，为农产品提供一个安全、干净的生产环境，不仅可以确保农产品的安全性和质量，还可以提高农产品的市场竞争力，从而带动农村地区的经济发展。

三、农村生活垃圾资源化利用的可行性和必要性

（一）环境层面：促进可持续性和减少环境污染

农村生活垃圾资源化利用在环境层面上呈现了不可忽视的价值。在广泛的背景下考虑环境可持续性，生活垃圾的处理方式变得尤为关键。资源化利用，作为一个处理策略，不但关注如何减少垃圾，而且着重于如何最大化地提取和再利用其中的价值，这与单纯地消减垃圾或将其作为废弃物处理形成鲜明对比。

在农村环境中，土地、水源和空气是三大关键要素，它们共同支撑着农业生产和农村社区的生活。由于长期的随意垃圾堆放和不当处理，这些生态系统的平衡受到了威胁。资源化利用提供了一种机会，不仅仅是处理这些垃圾，而是将它们视为有潜力的资源，可以被转化和再利用。例如，有机垃圾可以经过生物降解转化为肥料，为农田提供营养；而非有机垃圾，如塑料和金属，可以回收再利用，减少新原料的开采和加工。

与传统的垃圾处理方法相比，资源化利用具有更少的环境足迹。填埋场

会持续产生温室气体，而焚烧会释放有毒的空气污染物。相反，资源化利用通过减少垃圾的总量和将其转化为有价值的产品，从根本上减少了这些环境问题。此外，通过减少对新资源的依赖，资源化利用还有助于减缓资源枯竭和生态破坏的速度。

（二）经济层面：创造经济价值与降低处理成本

农村生活垃圾资源化利用在经济层面上展现了巨大潜力和价值。生活垃圾，传统上被视为无价值的废弃物，现在越来越被看作未经开发的经济资源。这种转变不仅改变了人们对垃圾的看法，还为农村地区提供了新的经济机遇。

资源化利用策略的核心在于将垃圾转化为有价值的产品。例如，有机垃圾可以通过厌氧发酵转化为生物气，这种气体可以作为燃料使用，为农村地区提供清洁能源；同样，垃圾中的金属、纸张和塑料都可以回收再利用，减少对新资源的需求并创造新的经济价值。这样的转化不仅为农村带来直接的经济效益，还有助于减少垃圾处理的环境和社会成本。

资源化利用通常具有更低的处理成本。与建设和维护填埋场或焚烧厂相比，资源化利用技术的投资和运营成本通常较低。这种降低成本的策略意味着，农村地区可以将更多的资金用于其他重要的基础设施和服务项目，如教育、医疗和交通。随着技术的进步和规模经济的实现，资源化利用的经济效益可能会进一步提高。

（三）社会层面：提高居民生活质量与促进社区参与

农村生活垃圾资源化利用在社会层面上体现了对居民生活质量的积极影响。这种转化策略不仅是对环境的贡献，更是对社区的投资，为农村居民提供了一个更健康、更和谐的生活环境。

资源化利用的直接效果是减少垃圾累积，从而降低环境污染的风险。一个干净、无污染的环境对农村居民的生活质量有着直接的影响。清洁的空气、安全的饮用水和无污染的土地不仅有助于保障居民的身体健康，还为他们提供了一个更为舒适的生活环境。一个健康的环境也有助于农村地区的经济发展，因为农作物和畜禽的健康与生态环境的质量直接相关。

社区的参与在资源化利用策略中起到了关键作用。垃圾分类、回收和处理都需要社区居民的积极参与。这种参与可以提高居民的环保意识，让他们意识到自己在维护环境健康中的重要角色。当居民看到他们的努力对社区环境产生了积极的影响时，他们的社区凝聚力和责任感都会得到加强。社区的参与还可以为资源化利用项目提供更多的创意和解决方案，从而确保项目的成功实施。

（四）技术层面：科技创新与技术进步

农村生活垃圾资源化利用的推进，在很大程度上，受到科技创新与技术进步的驱动。技术为资源化利用提供了强大的支持和可能性，确保了垃圾处理的效率、经济性和环境友好性。

科技创新在资源化利用中发挥了至关重要的作用。随着科研投入的加大和技术研发的深入，已经开发出了许多新型的垃圾处理和转化技术。这些技术不仅可以提高垃圾转化的效率，还可以提高转化产品的质量。例如，通过生物技术，可以将有机垃圾转化为高质量的生物燃料或肥料；通过化学技术，可以将塑料垃圾转化为化工原料或新型材料。这种技术的应用不仅为农村地区创造了经济价值，还为环境保护做出了贡献。

技术进步在垃圾处理的各个环节都发挥了作用。在垃圾分类和收集环节，先进的传感器和自动化技术可以提高分类的准确性和收集的效率。在垃圾转化环节，高温、高压和催化技术可以提高转化的速度和产率。在垃圾处理的后期，环保技术可以确保处理过程的零排放，从而减少对环境的影响。这些技术进步不仅提高了垃圾处理的效果，还降低了处理成本，为农村地区带来了实实在在的经济效益。

第二节 研究不足与未来研究方向和重点

一、研究不足

本研究在探索农村生活垃圾的治理与资源化利用技术方面做出了重要贡献。然而,任何研究都有其局限性。

(一)地域和文化局限性

地域和文化因素在农村生活垃圾的产生、管理及资源化利用中起到了不可忽视的作用。地理环境中的各种元素,如气候条件、土壤类型和生态特征,都会与生活垃圾的性质和组成形成互动。在湿热的地区,高温和湿度可能导致大量的生物降解性垃圾产生,如食物残渣和废弃的农作物,而在寒冷地区,较低的温度可能减缓有机物的分解速度,从而增加了不易分解物的积累。

文化因素也对农村生活垃圾产生了深远的影响。饮食习惯,作为文化的一个重要组成部分,直接决定了垃圾的种类和数量。某些地区可能偏好以大米为主食,导致产生大量的稻草和稻壳;而其他地区可能更偏好玉米或小麦,从而导致产生不同种类的农作物残渣。生活方式和消费观念也会影响垃圾的产生。一些地区可能更加注重环保和节约,导致产生较少的包装垃圾和废弃物;而其他地区可能受到现代消费文化的影响,导致产生大量的一次性产品和包装垃圾。

正因为这些地域和文化上的差异,农村生活垃圾的治理和资源化利用策略需要具有针对性和灵活性。不能期望一个统一的策略在所有地区都能取得同样的效果。相反,必须根据各地的具体情况,制定合适的策略和措施。因此,当本研究提出建议和结论时,必须考虑到这些因素,确保建议的适用性和有效性。

（二）数据局限性

数据的局限性在科学研究中是一个常见的挑战，而农村生活垃圾的治理与资源化利用技术研究也不例外。高质量、准确无误的数据是研究结论的基石。然而，在现实的研究环境中，完美的数据往往是难以获得的。首先，农村地区的数据收集常受限于技术、资金和人力资源，这可能导致数据收集不够系统和细致。例如，对于农村生活垃圾的种类、数量和处理方式，当地可能只有零散、不完整的记录，而没有持续、系统的监测数据。其次，由于缺乏统一和标准化的数据收集和报告机制，不同地区、不同机构收集的数据可能存在不一致性。这种不一致性可能源于不同的数据定义、收集方法或报告标准，从而导致数据的比较和整合变得困难。例如，一个地区可能将有机垃圾定义为食物残渣和废弃的农作物，而另一个地区可能还包括废弃的纸张和木材。最后，数据的准确性和真实性也是一个关键问题。农村地区可能存在故意或非故意的数据篡改、误报或遗漏，特别是在缺乏有效监管和验证机制的情况下。

所有这些数据问题都可能影响到研究的可靠性和有效性。因此，当解释和应用这些研究结论时，必须充分认识到这些局限性，并采取适当的措施，如数据验证、敏感性分析和假设检验，以确保研究的科学性和客观性。

（三）技术和策略的迅速演变

在当今世界，技术进步与创新正以前所未有的速度持续推进，这在垃圾管理和资源化利用领域尤为明显。随着科研人员不断深化对于环境科学、材料科学、生物技术和工程学的理解，新的技术和方法层出不穷。这些技术可能会为生活垃圾的资源化利用提供更为高效、经济和环境友好的解决方案。例如，过去可能依赖高能耗的物理方法处理某种垃圾，而现在则可能有了低成本、低能耗且更为环保的生物或化学方法。

随着全球对环境保护和可持续发展的日益关注，很多国家和组织都在积极推动绿色技术和循环经济策略的研发和应用。这意味着在垃圾处理和资源化利用领域，策略和方法也在不断地更新和完善。这种快速的技术和策略演变，尽管为解决环境问题提供了更多可能性，但也为研究者带来了挑战。在一个研究项目开始后到其结束的过程中，可能会有多种新技术和新策略出现，而这些新的进展可能并未被纳入研究范围，从而使得研究内容或结论存在局限性。

尽管本研究为农村生活垃圾的治理与资源化利用提供了有价值的见解，但在应用其结论和建议时，必须综合考虑当时的技术和策略背景，同时关注相关领域的最新研究进展。

（四）社会经济因素的考虑不足

农村生活垃圾的治理与资源化利用不仅仅是一个科技问题，更是一个综合性问题，其背后涉及的社会经济因素至关重要。政府的政策导向对于推动技术研发、鼓励创新和促进垃圾处理的市场化都有着直接的影响。例如，一个明确且有利于垃圾资源化利用的政策环境可以吸引更多的投资进入该领域，促进技术的商业化应用。

资金支持同样关键，尤其在初期研发和技术推广阶段。对于新的资源化利用技术，可能需要大量的初期投资进行研发、试验和推广。如果没有足够的资金支持，这些技术可能很难从实验室走向市场，更不用说在农村地区得到广泛应用。在许多情况下，某些先进的垃圾处理和资源化利用技术可能已经在其他地方或国家得到验证和应用，但由于各种原因，如知识产权、技术转移费用或适应性问题，这些技术在农村地区可能难以得到应用。

市场机制在垃圾资源化利用中也起到了关键作用。有效的市场机制可以确保资源的合理配置，鼓励竞争，从而推动技术进步和降低处理成本。但在某些情况下，由于市场失灵或外部性问题，可能需要政府干预来确保垃圾得到合理处理。

二、未来研究方向和重点

（一）地域和文化的深入研究

地域和文化在农村生活垃圾的产生、管理及资源化利用方面起到了核心作用。不同的地域，受其独特的气候、生态和经济条件影响，会产生不同性质和组成的垃圾。文化背景，如饮食习惯、消费观念和生活方式，也对垃圾的种类、产量及处理方式产生显著影响。这种多样性意味着单一的垃圾管理策略或技术可能不适用于所有地区。考虑到这种多样性，深入了解各个地域和文化背景下的垃圾特点和挑战变得至关重要。这不仅可以帮助研究者更准确地评估垃圾管理和资源化利用的实际需求，还可以为制定更具针对性和有效性的策略提供依据。例如，某些地区可能需要强调有机废弃物的处理，而其他地方则可能更关心塑料垃圾的回收和再利用。

对不同文化背景的理解也有助于研究者更好地与当地社区沟通，获得他们的支持和参与。通过与当地社区合作，研究者可以更容易地获得关键数据，同时可以更好地理解当地居民的需求和期望，从而制定更为接地气的策略和措施。

（二）数据的完善和更新

数据在农村生活垃圾治理与资源化利用的研究中占据核心地位。高质量的数据不仅为研究提供了坚实的基础，还能确保研究结果的有效性和可靠性。因此，对数据的完善和更新成为确保研究进展和成果的关键。

数据完整性和准确性是科学研究的基石。在农村生活垃圾的研究中，由于地域差异、技术变革和社会经济因素的影响，数据的收集和整理面临许多挑战。例如，不同地区可能采用不同的数据收集和报告标准，或者由于资金和技术限制，某些关键数据可能并未被记录或报告。这就要求研究者在数据收集和整理过程中采用严格的方法论，确保数据的一致性、可比性和代表性。

随着技术的发展和社会的变迁，垃圾的产生、处理和资源化利用都会发生变化。这意味着，为了保持研究的时效性和前沿性，需要定期对数据进行更新。这不仅可以帮助研究者捕捉到最新的趋势和挑战，还可以为政策制定者提供及时的决策依据。

　　未来的研究应加强对数据的关注，通过系统的数据收集、整理和分析，确保研究的深度和广度。定期的数据更新也是保证研究持续推进和创新的关键，能够为农村生活垃圾的治理与资源化利用提供更为科学和实用的指导。

（三）新技术和策略的探索

　　在农村生活垃圾治理与资源化利用领域，技术与策略的发展日新月异，持续地为解决垃圾问题提供新的思路和手段。对于研究者而言，及时跟进并深入探索这些新技术和策略，不仅是对现有知识体系的补充，更是推动整个领域进步的关键。

　　新技术，如纳米技术、生物技术或人工智能，可能为垃圾的分类、处理和转化提供更高效、环保的解决方案。这些技术可能改变垃圾处理的传统模式，使其更为精细化、智能化。例如，智能传感器可以实时监测垃圾的组成和数量，为垃圾的分类和处理提供精确的数据支持。而生物技术则可能利用微生物或酶来高效地分解有机垃圾，转化为能源或其他有价值的产品。

　　新的管理模式、政策工具或市场机制可能为垃圾的收集、处理和资源化利用提供更为完善的支持。例如，通过公私合作模式，政府和私人企业可以共同投资建设先进的垃圾处理设施，分享经济和环境效益。

　　然而，新技术和策略的引入并不总是无懈可击的。它们也可能带来技术、经济或社会方面的挑战，需要进行深入的评估和优化。未来的研究应系统地探索和评估这些新技术和策略，考虑其在不同地域和文化背景下的适用性和效果，为农村生活垃圾治理与资源化利用提供科学、全面和实用的指导。

（四）社会经济因素的深入研究

　　农村生活垃圾治理与资源化利用不仅仅是一个技术问题，更是一个涉及

221

多方面的复杂系统问题。社会经济因素在这个系统中起到了关键的作用，直接影响到农村垃圾管理的效果和可持续性。

首先，政府政策对于农村生活垃圾治理起到了决策性的引导作用。明确的政策导向可以为地方政府、企业和居民提供明确的行动方向。例如，政府可以通过立法、补贴或税收优惠来鼓励垃圾的源头减量、分类收集或资源化利用。政策还可以为技术研发、设施建设和人才培养提供必要的支持。

其次，资金投入是实施垃圾治理和资源化利用的基础。有效的垃圾管理需要相应的基础设施、技术和人力资源。这些都需要大量的资金支持。而资金的来源、分配和使用效率，都受到社会经济条件、地方财政状况和政府决策的影响。

再次，技术转移也是一个重要的社会经济因素。先进的垃圾治理和资源化利用技术往往首先在发达地区或国家得到应用。如何将这些技术有效地转移到农村或发展中地区，需要考虑技术的适应性、转移的成本和受益方的能力。

最后，社区参与是农村生活垃圾治理的关键。垃圾的产生、收集和处理都与居民的日常生活密切相关。居民的参与可以增加垃圾管理的效果和可持续性。例如，居民可以参与垃圾的分类、回收或处理，分享其经济和环境效益。社区参与还可以提高居民的环保意识和责任感。

第三节　对未来农村生活垃圾治理与资源化利用的展望

一、完善相关法律法规和政策支持

（一）为垃圾治理与资源化利用提供明确的行动框架

农村地区的生活垃圾治理与资源化利用需求旺盛，但伴随着诸多技术、资金和管理上的挑战。在面对这些复杂情境时，明确和具体的法律法规成为导航灯，为各相关行动者绘制出清晰的行动轨迹，确保在整个实施过程中，从策略到具体操作,都与既定的整体目标和愿景相契合。当具体到垃圾的产生、收集、处理和处置等各个环节,法律法规提供了标准化的操作和流程,确保各环节的活动既有序又高效,并始终坚守环境保护的底线。这样的行动框架不仅为农村地区提供了一个稳定和可预测的工作环境,更为垃圾治理与资源化利用注入了法治的力量,使其成为一项受到广泛尊重和遵循的公共事务。

(二)为各方提供动力和鼓励

在农村生活垃圾治理与资源化利用的领域,政策支持充当了一个关键角色,为各相关方提供了持续的动力和鼓励。财政补贴作为一种直接的经济激励,可以显著降低相关项目的实施成本,从而使这些项目对于投资者和执行者更具吸引力。税收优惠为那些愿意参与垃圾资源化利用活动的企业提供了进一步的经济刺激,鼓励他们将资源和注意力转向这一领域。技术引导保证了农村地区在进行垃圾治理和资源化利用时,能够采纳并应用最前沿的技术解决方案,确保效率和环境效益的最大化。综合来看,这些政策支持措施构建了一个有利的环境,使得项目能够更快速、更有效地实施,同时为确保项目的长期效果和持续性提供了坚实的基础。

(三)保障社区和居民的权益

在农村生活垃圾治理与资源化利用的过程中,居民的权益和需求是至关重要的考虑因素。完善的法律法规为居民提供了一个明确的权益保障框架,确保在垃圾治理与资源化利用活动中,他们不会受到任何形式的伤害,无论是生理上的还是心理上的。这些法规关心并重视每一个居民的生活质量和健康,使他们能够在一个更加干净、安全和有序的环境中生活。政策支持起到了激励的作用,促使社区和居民更加积极地参与到垃圾治理与资源化利用的各个环节,如垃圾分类、回收和处理。当居民能够深入参与并对这些活动有所了解时,他们更有可能对这些项目表示支持,也更有可能采取积极的行动来确保项目的成功实施。

二、建立和完善农村生活垃圾管理体系

（一）适应性：适应农村地区的特点建立管理体系

在农村生活垃圾治理中，建立一个适应其特点的管理体系是至关重要的。与城市相比，农村地区存在一系列独特的地理、人口、经济和文化特征，这些特征直接影响垃圾的产生、收集和处理方式。例如，考虑到农村地区的道路条件可能不如城市完善，运输手段可能相对有限，因此必须设计出一种低成本、高效的垃圾收集和运输机制。由于农村地区的人口分布相对分散，垃圾的产生量也可能不像城市那样集中，这就要求管理体系能够灵活地应对各种不同的情况。为了满足这些需求，可以考虑在农村地区建立小型、分散的垃圾处理设施，以缩短垃圾的运输距离并降低其处理成本。这样的设施更容易适应农村地区多变的垃圾产生模式，同时能确保垃圾得到及时、有效的处理。针对农村地区的特定生活习惯和文化特点，可以开展定制化的垃圾分类和回收教育，鼓励居民参与，并确保他们了解并认同这一管理体系的价值。

（二）灵活性：适应变化的技术和环境

在农村生活垃圾管理中，灵活性的重要性不言而喻。技术的进步和社会经济环境的不断变化意味着管理体系需要具有足够的灵活性，以满足新的挑战和机会。在这个背景下，管理体系不仅需要考虑当前的情况，还需要预测未来可能出现的变化，并提前做好准备。

新技术的出现，如先进的垃圾分类、处理和资源回收技术，可能会为农村地区带来新的机会，但同时带来了新的挑战。管理体系需要及时识别和采纳这些技术，确保垃圾得到最有效、最经济的处理。随着经济的发展，农村地区的消费模式和生活方式可能会发生变化，这可能导致垃圾的种类、数量和性质发生变化。管理体系需要能够快速识别这些变化，采取适当的措施，确保垃圾得到适当的管理。

农村生活垃圾管理体系需要建立一个持续的监测和评估机制。这可以

通过定期收集和分析数据，识别新的趋势和挑战，然后根据这些信息调整管理策略和方法。管理体系还需要与相关的研究机构、企业和社区保持紧密的合作，共同探索和推广新的技术和方法。这种合作可以确保管理体系始终处于最前沿，能够有效应对各种挑战，实现农村生活垃圾的有效管理和资源化利用。

（三）全面性：覆盖垃圾管理的各个环节

农村生活垃圾管理的成功与否，很大程度上取决于管理体系是否具有全面性。一个全面的管理体系意味着从垃圾产生的起始点到最终的处置终点，每一个环节都得到了充分的关注和适当的管理。这种全面性确保了垃圾在其生命周期中的每一个阶段都得到了合适的处理，从而最大限度地减少了对环境和公共健康的不良影响。从垃圾产生的角度看，教育和宣传活动可以帮助居民了解如何减少垃圾的产生，以及如何进行正确的垃圾分类。正确的分类可以确保不同种类的垃圾得到适当的处理，从而提高资源回收的效率和降低处理成本。在垃圾的收集和运输环节，合理的规划和有效的协调可以确保垃圾被及时收集并安全、高效地运输到处置设施，这需要考虑道路条件、交通流量、收集点的设置和运输工具的选择等多种因素。

至于垃圾的处置，选择合适的技术和方法至关重要。这需要基于垃圾的种类、性质和数量，以及地区的经济条件、技术水平和环境要求进行综合考虑。管理体系还需要对处置设施进行定期的维护和更新，以确保其持续地高效运行。

三、强化科技创新和人才培养

（一）将科技创新作为治理驱动力

科技创新在农村生活垃圾治理与资源化利用中起到了核心的作用，它不仅为现有问题提供了创新的解决方案，还为农村地区的可持续发展创造了新的机会。在当今这个快速发展的时代，技术进步日新月异，为垃圾管理提供了更加多元化和高效化的选择。随着技术的进步，许多传统上认为难以处理或无价值的垃圾现在可以被转化为有价值的资源，这不仅可以减轻对环境的负担，还可以为农村地区创造经济价值。例如，先进的分拣技术可以更准确地将可回收材料从垃圾中分离出来，这不仅提高了回收的效率，还大大增加了资源的再利用价值。新的处理技术，如热解和气化，可以将垃圾转化为能源，为农村地区提供一种新的、清洁的能源来源。更重要的是，这些技术可以将垃圾处理的环境影响降到最低，确保农村地区的生态系统得到保护。

随着数字技术和物联网的发展，实时监控和数据分析成了垃圾管理的新趋势。这些技术可以实时监测垃圾的产生、收集和处理情况，为管理者提供有力的决策支持。通过数据分析，可以更精确地预测垃圾的产生量和种类，从而实现更有针对性的资源配置和优化。

（二）企业与研究机构的合作

企业与研究机构的合作在农村生活垃圾治理与资源化利用的科技创新中扮演了至关重要的角色。这种跨界合作模式充分整合了两者的优势，为垃圾管理领域带来了创新的思维和方法。企业，作为市场的主要参与者，对市场需求、客户期望和现实挑战有着深入的理解，而研究机构则具备深厚的理论背景和研究能力，能够将复杂的科学问题转化为实用的技术方案。

在这种合作模式下，企业可以为研究机构提供宝贵的市场信息和实际需求，帮助他们进行更有针对性的研究，而研究机构可以为企业提供最前沿的技术和解决方案，帮助他们提高竞争力。这种合作还可以促进知识和技术的快速流动，确保新技术的快速转化和应用。农村地区，由于其特殊的地理、经济和文化背景，面临着许多独特的挑战，需要专门化的解决方案。企业与研究机构的合作可以确保技术研发更加贴近农村地区的实际需求，为其提供更加合适和有效的技术支持。通过合作，可以有效地整合资源，降低研发和应用的成本，从而为农村地区的垃圾治理与资源化利用提供更加经济和可行的方案。

（三）人才培养的重要性

人才培养在农村生活垃圾治理与资源化利用中占据了中心地位。技术和策略无疑为垃圾管理提供了工具和方案，但真正推动这些工具和方案得以实施的是人才。因此，投资于人才的培训和发展对于确保农村地区成功实施垃圾治理与资源化利用策略至关重要。培训不仅能提高技术人员的专业技能，使其能够掌握和应用最新的技术，还能培养他们的综合素质，使其在项目实施中更具策略性和应变能力。

管理和沟通能力的培养对于垃圾管理项目的成功同样重要。管理能力可以确保项目的顺利进行，而优秀的沟通能力可以确保项目中的各方能够有效地协同工作，共同应对挑战。沟通能力还可以帮助技术人员更好地与社区居民和其他利益相关者沟通，确保他们的需求和关切得到充分的考虑。

创新能力的培养也不容忽视。随着技术和环境的不断变化，能够进行独立思考、提出创新解决方案的人才变得越来越重要。这不仅可以帮助农村地区应对当前的挑战，还可以确保其在未来的发展中始终保持领先地位。

为实现上述的培训目标，农村地区与高等教育机构的合作显得尤为重要。这种合作不仅可以为农村地区提供专业的培训资源，还可以确保培训内容与实际需求紧密相连。通过这种合作，农村地区可以为其工作人员提供全面、前沿的培训，确保其在垃圾治理与资源化利用中发挥最大的作用。总起来说，对人才的投资是农村地区实现生活垃圾治理与资源化利用目标的关键，应该得到足够的重视和支持。

四、提升全社会的环保意识和参与度

（一）环保意识的培育与普及

环保意识的培育与普及在农村地区的生活垃圾治理与资源化利用中占有核心地位。居民的环保观念直接影响他们在日常生活中的行为选择，从而决定了生活垃圾的产生量、种类和处理方式。一个高度重视环保的社区能更有效地推动垃圾的源头减少、分类回收和资源化利用，而这一切都基于对环境的尊重和保护。为了实现这一目标，农村地区应加强对环保知识的普及和教育。通过各种公益广告、讲座和工作坊，可以使居民更深入地了解垃圾对环境和健康的影响，从而激发他们采取积极措施应对垃圾问题。

学校教育在培养青少年的环保习惯方面具有不可替代的作用。通过课程教学、实践活动和校园文化，学校可以为学生提供一个理解和珍惜环境的平台，使他们从小就树立起环保的观念。长远来看，这些经过系统教育的青少年将成为未来社区的主体，他们的环保观念和行为将深刻影响整个社区的生态环境和可持续发展。因此，对环保意识的培育与普及不仅是解决当前垃圾问题的关键，也是确保农村地区未来环境质量和生活质量的重要保障。

（二）社区参与的机制与平台

社区参与在农村生活垃圾治理与资源化利用中起到了关键作用。为确保这种参与的有效性，适当的机制和平台变得尤为重要。建立社区回收站不仅为居民提供了一个方便的垃圾分类和回收点，还增强了他们参与环保活动的积极性。通过提供明确的垃圾分类指导，居民能更准确地对垃圾进行分类，从而提高资源回收的效率和价值。定期组织的清洁和回收活动不仅可以帮助保持社区的清洁，还可以加强居民之间的联系和合作，促进社区的和谐与团结。技术平台在此过程中也起到不可忽视的作用。例如，移动应用可以为居民提供即时的环保信息、回收指导和活动通知，使他们随时随地都能获得相关知识和参与环保活动。社交媒体则为居民提供一个交流和分享的平台，使他们能够分享自己的经验、提出意见和建议，并了解其他居民的做法和观点。通过这些机制和平台，农村地区可以更有效地动员和组织居民，实现垃圾治理与资源化利用的目标，同时增强社区的凝聚力和参与度。

（三）激励与奖励制度

激励与奖励制度在垃圾治理与资源化利用的推进中起到了关键的作用。当农村居民看到他们的环保行为可以带来直接的好处时，他们更有可能持续并加强这种行为。物质或经济奖励为积极参与垃圾分类和回收的家庭或个人带来了即时的回报，这种正反馈可以强化他们的环保行为，并鼓励更多的人加入这一行列。对于那些在垃圾治理与资源化利用中表现出色的社区或组织，公共资源支持可以为他们提供更多的资源，帮助他们进一步完善管理体系，推广最佳实践，与其他社区分享经验和知识。这种支持不仅能提高他们的治理效率和资源回收率，还能鼓励社区之间的合作和交流，提高整个农村地区的治理与资源化利用能力。

建立和完善激励与奖励制度，不仅可以动员更多的人参与垃圾治理与资源化利用，还可以加强各个环节的合作和协调，确保垃圾治理与资源化利用的全面和持续性。

五、促进农村生活垃圾的减量化、资源化和无害化处理

（一）技术进步与创新驱动

技术进步与创新在农村生活垃圾的治理中起到了重要的作用。在今天这个快速变化的时代，新的科技发现和方法不断涌现，为垃圾的处理和资源回收提供了更多的可能性。例如，生物分解技术可以更高效地转化有机垃圾，降低填埋和焚烧的需求，从而减少对环境的污染；高效回收技术不仅能提高资源的再利用率，还能减少对新资源的开采，降低环境压力。而先进的焚烧技术可以将垃圾转化为能源，为社区提供清洁的电力。对于农村地区，这些技术的应用不仅可解决垃圾处理的问题，还可为其经济发展提供新的动力。但要实现这些技术的广泛应用，不仅需要充足的资金投入，还需要有针对性的策略和措施，如政府的政策扶持、企业与研究机构的合作，以及公众的参与和支持。

（二）以政策为引导，加强管理和监管

在农村生活垃圾的治理与资源化利用中，政策引导和强化管理与监管具有至关重要的作用。政策制定不仅为相关行动者提供明确的方向和行动框架，还为治理活动提供了法律依据和政策支持。而在快速变化的技术和社会

经济环境中，政策的及时更新和调整尤为关键，以确保其与当前的实际情况和发展需求保持一致。加强管理则意味着确保各项政策措施得到有效实施，通过组织协调、资源配置和信息反馈等手段，提高垃圾治理与资源化利用的效率和效果。强化监管是确保垃圾处理活动的质量和安全的关键。通过定期的检查、评估和审计，可以及时发现和解决问题，防止环境污染、资源浪费和其他潜在风险。而当监管与激励机制相结合，如对表现出色的企业或地区给予奖励，对违规行为实施处罚，可以进一步推动各方积极参与，形成一个有利于垃圾治理与资源化利用的良好环境。

（三）提高公众意识，鼓励社区参与

在农村生活垃圾的治理与资源化利用过程中，公众的认知、态度和行为起到了关键的作用。农村居民的每日行为习惯，如消费选择、废弃物的处理方式等，直接决定了垃圾的产生量、种类和可回收性。对他们的环保教育和宣传显得尤为重要。通过各种途径，如媒体宣传、学校教育和社区活动，可以提高居民对垃圾问题的认知，使他们明白自己的行为对环境和社区的长期影响。通过提供信息、技能和资源，鼓励居民参与垃圾的减量、分类和回收，可以有效地引导他们采取环保行为。社区的参与也是垃圾治理活动的关键。社区可以作为信息传递、技能培训和资源分配的平台，加强居民之间的交流和合作，形成垃圾治理的良好氛围。当居民意识到他们的行为可以为社区和环境带来积极的变化时，他们更可能持续参与并推广环保行为，从而实现农村生活垃圾的可持续管理和利用。

参考文献

[1] 李全鹏.中国农村生活垃圾治理路径探寻 [M].北京：中国社会科学出版社，2022.

[2] 张瑞娜，秦峰，许碧君，等.农村生活垃圾区域统筹处理模式及管理对策 [M].北京：冶金工业出版社，2019.

[3] 邰俊，史昕龙，赵爱华，等.农村生活垃圾分类模式及收运管理 [M].北京：冶金工业出版社，2019.

[4] 孙洪欣，杨铮铮.农村垃圾分类与处理 [M].石家庄：河北科学技术出版社，2018.

[5] 李长健.中国农村社区治理与法治化前沿 [M].武汉：湖北人民出版社，2016.

[6] 当代绿色经济研究中心.农村垃圾处理问题研究 [M].北京：中国经济出版社，2016.

[7] 吴东雷.农村易腐生活垃圾处理技术与方法 [M].北京：中国建筑工业出版社，2019.

[8] 洪凯.生活垃圾处理的广州之路 [M].北京：光明日报出版社，2017.

[9] 宋立杰，陈善平，王晓东，等.村镇非正规垃圾堆放点治理 [M].北京：冶金工业出版社，2019.

[10] 吴东雷，喻凯.农村生活垃圾处理百问百答 [M].北京：中国建筑工业出版社，2019.

[11] 付翠莲.农村与区域发展案例评析 [M].上海：上海交通大学出版社，2016.

[12] 李燃，常文韬，闫平，等.农村生态环境改善适用技术与工程实践 [M].天津：天津大学出版社，2018.

[13] 赵敏慧，马建立，王泉，等.城乡小流域环境综合治理 [M].北京：冶金工业出版社，2019.

[14] 中国环境保护产业协会水污染治理委员会,环境保护部对外合作中心.“十三五”水污染治理实用技术 [M].北京：化学工业出版社，2017.

[15] 北京市社会主义新农村建设领导小组综合办公室.生活垃圾管理宣传读本 [M].北京：首都师范大学出版社，2013.

[16] 李文兵，廖燕.垃圾处理百问百答 [M].杭州：浙江工商大学出版社，2011.

[17] 程志华.农户生活垃圾处理的行为选择与支付意愿研究 [M].北京：中国经济出版社，2019.

[18] 那鲲鹏，吴玉璇.我国农村生活垃圾分类和资源化利用的地方实践：以浙江省德清县为例 [J].建设科技，2023（7）：102-106.

[19] 张玲，朱艳英，赵明宝.农村生活垃圾资源化利用出路探索 [J].农村实用技术，2022（10）：118-120.

[20] 王俊英.新时代下农村生活垃圾资源回收及再利用前景探讨 [J].质量与市场，2022（14）：166-168.

[21] 杨熠，贲立欣.辽宁省农村生活垃圾资源化利用研究 [J].新农业，2022（10）：91.

[22] 杨明珍.农村固体废弃物收集、处理及资源化利用技术分析 [J].清洗世界，2022，38（3）：116-118，121.

[23] 李玉.农村生活垃圾处理现状与资源化利用[J].农家参谋，2021（24）：193-194.

[24] 刘大威，曾洁.农村生活垃圾资源化利用的江苏实践[J].群众，2021（24）：36-37.

[25] 沈正康.浅析嵩明县农村生活垃圾治理[J].广东蚕业，2021，55（11）：154-156.

[26] 赵德君.论农村生活垃圾资源的开发利用[J].环境保护与循环经济，2021，41（5）：15-17.

[27] 唐珍芳，乔鹏.农村生活垃圾分类和资源化利用模式探析[J].德州学院学报，2020，36（6）：51-55，63.

[28] 封海东，李坤，周明，等.十堰地区农村生活垃圾处理及资源化利用现状初探[J].现代园艺，2020，43（19）：49-50.

[29] 李天奇.南岔县农村生活垃圾分类减量化和资源化利用模式探讨[J].林业科技情报，2020，52（3）：107-109.

[30] 胡洋，仲璐，王璐.农村生活垃圾分类及资源化利用现状和问题浅析[J].环境卫生工程，2019，27（6）：64-67.

[31] 贾亚娟，赵敏娟，夏显力，等.农村生活垃圾分类处理模式与建议[J].资源科学，2019，41（2）：338-351.

[32] 钱朗，刘柏林，刘莹.大连市农业生产生活垃圾资源化利用现状及对策[J].现代农业科技，2019（1）：174，181.

[33] 鞠阿莲.日本生活垃圾处理实践经验对我国农村垃圾处理的启示：以日本大崎町及志布志市为例[J].再生资源与循环经济，2018，11（9）：40-44.

[34] 杨芳.农村生活垃圾处理现状及对策初探[J].科技风，2018（22）：214-215.

[35] 刘子琳，吴根义，罗惠莉，等.源头分类对农村生活垃圾就地处理的影响研究[J].环境卫生工程，2018，26（1）：70-72，76.

[36] 厉丹，姜代红，陈俊鹏，等.农村生活垃圾起始源分类方法研究与应用 [J]. 民营科技，2017（10）：99-100.

[37] 黄新颖，蔡小龙，魏玉芹，等.农村生活垃圾好氧堆肥及资源化利用[J].山东化工，2017，46（1）：133-134.

[38] 周荣建.如何实现农村生活垃圾的有效利用 [J].吉林广播电视大学学报，2016（4）：55-56.

[39] 陈永根，周传斌，朱慧芳，等.发达地区农村固体废弃物管理与资源化策略 [J].浙江农林大学学报，2015，32（6）：940-946.

[40] 黄爱玲，刘文琦，覃舟.农村生活垃圾资源化处理模式探讨 [J]. 中国人口·资源与环境，2015，25（增刊1）：35-37.

[41] 李琳.农村生活垃圾资源化处理相关问题研究 [J].资源节约与环保，2015（2）：156.

[42] 钟秋爽，孙晓文，路宏伟，等.太湖流域农村生活垃圾分类收集与资源化利用技术研究 [J].环境工程，2014，32（3）：96-99.

[43] 胡艳玲，李东.盘锦市农村生活垃圾现状与处理对策 [J].环境保护与循环经济，2013，33（12）：37-38，51.

[44] 梁厚宽.新时期广西农村生活垃圾资源化利用探索[J].广西城镇建设，2013(7)：121-124.

[45] 滕昆辰，张瑞，乔维川.农村生活垃圾资源化利用工程的实践 [J].农业环境与发展，2013，30（2）：57-59.

[46] 金小青，陈琳.浅谈我国农村生活垃圾的资源化利用方法 [J].河南科技，2012（22）：92-93.

[47] 何晓晓，李耕宇，何丽，等.浅谈我国农村生活垃圾的资源化利用 [J].西安文理学院学报（自然科学版），2012，15（2）：102-105，110.

[48] 马香娟，陈郁. 农村生活垃圾资源化利用的分类收集设想 [J]. 能源工程，2005
（1）：49-51.

[49] 黄杨. 湾址区购买农村生活垃圾治理服务的问题及优化路径研究 [D]. 芜湖：安
徽工程大学，2023.

[50] 王洋. 许昌市建安区农村生活垃圾治理研究 [D]. 郑州：河南农业大学，2023.

[51] 马艳芳. 兰考县农村生活垃圾治理问题与对策研究 [D]. 郑州：河南农业大学，
2023.

[52] 曹索贝. D市农村生活垃圾治理环境绩效审计评价研究 [D]. 兰州：兰州财经大学，
2023.

[53] 程宇. 瓦房店市农村生活垃圾治理的调查报告 [D]. 大连：大连海洋大学，2023.

[54] 张超. 祥云县祥城镇农村生活垃圾分类治理研究 [D]. 昆明：云南财经大学，
2023.

[55] 张晨悦. 基于 PPP 模式的开封市农村生活垃圾治理研究 [D]. 哈尔滨：东北农业
大学，2023.

[56] 娄琼戈. 黑龙江省乡镇政府农村生活垃圾治理研究 [D]. 哈尔滨：哈尔滨商业大
学，2023.

[57] 梅田云. 邢台市农村生活垃圾治理问题研究 [D]. 秦皇岛：河北科技师范学院，
2023.

[58] 焦诗卉. 辽宁省 H 县农村生活垃圾治理问题研究 [D]. 沈阳：辽宁大学，2023.

[59] 高涵. 商丘市示范区农村生活垃圾治理满意度及影响因素研究 [D]. 郑州：河南
财经政法大学，2023.

[60] 王强锋. 多主体协同推进农村生活垃圾分类治理研究：以 K 市 Y 镇为例 [D]. 杭
州：中共浙江省委党校，2022.

[61] 卢玉龙. 协同治理视角下农村生活垃圾治理存在问题与对策研究：以蓬溪县 H
乡为例 [D]. 成都：四川大学，2022.

[62] 莫杞艳.社会治理背景下农村生活垃圾治理问题研究：以 D 县 Y 镇为例 [D]. 广州：华南理工大学，2022.

[63] 吴晓露.多中心视角下济南市 J 区 X 镇农村生活垃圾治理问题研究 [D]. 济南：山东大学，2022.

[64] 宿莹.中国农村生活垃圾治理问题研究 [D]. 吉林：吉林大学，2022.

[65] 张媛.关中农村生活垃圾治理中农民参与行为的影响因素研究 [D]. 西安：西北大学，2022.

[66] 兰诗航.农户对农村生活垃圾治理的支付意愿及影响因素分析：以蓬安县为例 [D]. 重庆：西南大学，2022.

[67] 邓菊会.四川省农村生活垃圾治理效果评价研究：以 L 县为例 [D]. 北京：北京化工大学，2022.

[68] 葛梦杰.基于 PPP 模式的农村生活垃圾分类治理研究：以安徽省来安县为例 [D]. 南京：东南大学，2021.

[69] 张臻颖.肇庆市农村生活垃圾治理对策研究 [D]. 广州：华南理工大学，2020.

[70] 吕凌霄.农村生活垃圾资源化处理对策研究：以嵊州市贵门乡为例 [D]. 舟山：浙江海洋大学，2019.

[71] 薛玲.农村有机生活垃圾生物处理和资源化利用初步研究：以房干村为例 [D]. 济南：山东大学，2018.

[72] 王小平.农村生活垃圾分类及其资源化利用模式研究 [D]. 长沙：湖南农业大学，2017.

[73] 齐博.华阴市农村生活垃圾处理处置体系研究 [D]. 西安：西北大学，2016.

[74] 朱洪蕊.基于 IAD 框架的农村生活垃圾治理公共物品的供给影响因素分析：以江苏省宜兴市、盐城市为例 [D]. 南京：南京农业大学，2010.